高等职业教育电子信息类专业"十二五"规划教材

通信系统建模与仿真实例教程

戴桂平　苏品刚　主　编

尚　丽　俞兴明　范海健　副主编

U0261390

中国铁道出版社

CHINA RAILWAY PUBLISHING HOUSE

内 容 简 介

本书体现基于工作过程的高职教育理念，理论知识强调"实用为主，必需和够用为度"的原则，以实际工程为背景，通过理论知识与大量实例相结合的方式，详细介绍了基于 SystemView 以及 MATLAB/Simulink 软件的通信系统建模与仿真设计的方法和技巧。

全书共分 3 篇，包括 9 章。第 1、2 章为通信系统仿真软件技术篇，简要介绍了 SystemView 以及 MATLAB/Simulink 两种动态系统仿真软件的原理与技术；第 3～7 章为通信系统常用模块仿真篇，重点对模拟通信系统、数字基带传输通信系统、数字频带传输通信系统、模拟信号数字化传输通信系统、差错控制编码/译码等模块关键技术的建模与仿真进行阐述；第 8、9 章为通信系统仿真综合实例篇，深入浅出地剖析了蓝牙调频通信系统以及 CDMA 通信系统的建模与仿真设计。书中配有大量典型案例，读者可通过学习，举一反三，快速提高通信技术应用水平。

本书语言通俗易懂，包含大量实例，可供高职院校通信技术、电子信息工程技术、自动控制技术等相关专业的学生使用，也可供相关领域工程技术人员参考。

图书在版编目（CIP）数据

通信系统建模与仿真实例教程/戴桂平，苏品刚主编. —北京：中国铁道出版社，2013.3
高等职业教育电子信息类专业"十二五"规划教材
ISBN 978 – 7 – 113 – 15801 – 9

Ⅰ. ①通… Ⅱ. ①戴… ②苏… Ⅲ. ①通信系统 – 系统建模 – 高等职业教育 – 教材②通信系统 – 系统仿真 – 高等职业教育 – 教材 Ⅳ. ①TN914

中国版本图书馆 CIP 数据核字（2012）第 311328 号

书　　名：通信系统建模与仿真实例教程
作　　者：戴桂平　苏品刚　主编

策　　划：吴 飞　　　　　　　　　　　　　　读者热线：400 – 668 – 0820
责任编辑：吴 飞　姚文娟
封面设计：刘　颖
封面制作：白　雪
责任印制：李　佳

出版发行：中国铁道出版社（100054，北京市西城区右安门西街 8 号）
网　　址：http://www.51eds.com
印　　刷：北京华正印刷有限公司
版　　次：2013 年 3 月第 1 版　　　　2013 年 3 月第 1 次印刷
开　　本：787 mm×1 092 mm　1/16　印张：13　字数：310 千
印　　数：1～3 000 册
书　　号：ISBN 978 – 7 – 113 – 15801 – 9
定　　价：26.00 元

随着通信技术的迅猛发展，通信系统的功能越来越强、性能越来越高、结构越来越复杂，但同时要求通信系统技术研究和产品开发的周期则越来越短，此时，强大的计算机辅助分析设计技术和仿真工具的出现则满足了这一需求。其中，MATLAB 凭借其强大的功能在众多计算机仿真软件中脱颖而出，成为国际上最流行的科学与工程计算的工具软件；此外，可视化动态仿真软件 SystemView 凭借其模块化和交互式图形界面设计技术及其强大的仿真功能，得到了众多学者的青睐。在通信系统教学中，采用 MATLAB 或 SystemView 软件作为辅助教学软件，一方面可以摆脱繁杂的大规模计算，另一方面，可以为学生提供通信系统开发与分析的软件平台，节省硬件设备投资与维护成本。

当前，系统地介绍 MATLAB/Simulink 或 SystemView 通信系统仿真设计的书较少，将两者结合的书更是少之又少。很多书只是立足于介绍各种模块的设计和性能分析的基本理论，缺少通过大量实例讲解 MATLAB/Simulink 或 SystemView 通信系统建模与仿真设计的内容，且都是以其中一种软件为工具讲解，没有将两者相结合进行仿真，本书就是为弥补这种不足而编写的。

全书共分 3 篇，包括 9 章，具体内容安排如下：

第一篇 通信系统仿真软件技术，包括第 1、2 章，简要介绍了 SystemView 以及MATLAB/Simulink 两种动态系统仿真软件的原理与操作方法，引导读者入门。

第二篇 通信系统常用模块仿真，包括第 3 ~ 7 章，主要介绍如何使用 Simulink 以及SystemView 两种软件对模拟通信系统、数字基带传输通信系统、数字频带传输通信系统、模拟信号数字化传输通信系统以及差错控制编码等模块的关键技术进行建模与仿真分析，读者通过学习，可掌握通信系统常用模块的仿真方法与技术，并能学会搭建简单的系统模型。

第三篇 通信系统仿真综合实例，包括第 8、9 章，深入浅出地剖析了蓝牙调频通信系统、直接序列扩频以及 CDMA 通信系统的建模与仿真设计，读者通过学习，将会对通信系统有一个更深入的了解，设计水平获得快速提高。

本书最大的特点是将理论与实际操作紧密结合，内容通俗易懂，使读者对使用MATLAB/Simulink 或 SystemView 进行通信系统仿真应用有一个基本的认识；本书另一特点是注重仿真应用的系统化，书中严格按照各种理论系统进行仿真过程的设计，并配有大量典型案例，使所有的仿真案例都可以找到理论根源，从而巩固加深了读者对理论的理解。

本书由戴桂平、苏品刚担任主编，尚丽、俞兴明、范海健担任副主编，刘韬教授、祈春清副教授对本书提出了很多宝贵的意见和建议。另外，本书在编写过程中，引用和参考了一些文献，在此，对这些中外专家、学者致以崇高敬意。

本书语言通俗易懂，包含大量实例，可供高职院校通信技术、电子信息工程技术、自动控制技术等相关专业的学生使用，也可供相关领域工程技术人员参考。

由于时间仓促，编者水平有限，书中难免存在一些疏漏和不足之处，欢迎广大读者批评指正。

编　者

2012 年 10 月

目　录

第一篇　通信系统仿真软件技术

第二篇　通信系统常用模块仿真

第三篇　通信系统仿真综合实例

第一篇　通信系统仿真软件技术

第❶章 SystemView 动态系统仿真软件

SystemView 是一种信号级的系统仿真软件,由美国 ELANIX 公司于 1995 年开始推出,主要用于电路与通信系统设计、仿真,是一个强有力的动态系统分析工具,能满足从数字信号处理、滤波器设计到复杂的通信系统等不同层次的设计以及仿真要求。SystemView 借助大家熟悉的 Windows 窗口环境,以模块化和交互式的界面,为用户提供了一个嵌入式的分析引擎,使用时用户只需要关注项目的设计思想和过程,用鼠标单击图标即可完成复杂系统的建模、设计和测试,而不必花费太多的时间和精力通过编程来建立系统仿真模型。

1.1　SystemView 简介

SystemView 基本属于一个系统级工具平台,可进行包括数字信号处理(DSP)系统、模拟与数字通信系统、信号处理系统和控制系统的仿真分析,并配置了大量图符块(Token)库,用户很容易构造出所需要的仿真系统,只要调出有关图符块并设置好参数,完成图符块间的连线后运行仿真操作,最终以时域波形、眼图、功率谱、星座图和各类曲线形式给出系统的仿真分析结果。SystemView 的库资源十分丰富,主要包括:含若干图符库的主库(Main Library)、通信库(Communications Library)、信号处理库(DSP Library)、逻辑库(Logic Library)、射频/模拟库(RF Analog Library)和用户代码库(User Code Library)。

1.2　SystemView 系统视窗

1.2.1　主菜单功能

进入 SystemView 后,屏幕上首先出现该工具的系统视窗,如图 1-1 所示。

系统视窗最上边一行为主菜单栏,包括文件(File)、编辑(Edit)、参数优选(Preferences)、视窗观察(View)、便笺(NotePads)、连接(Connections)、编译器(Compiler)、系统(System)、图符块(Tokens)、工具(Tools)和帮助(Help)共 11 项功能菜单,所用的是 SystemView 4.5 版本。执行菜单命令操作较简单,例如,用户需要清除系统时,可单击"File"菜单,出现一个下拉菜单,单击其中的"Newsystem"命令即可。为说明问题简单起见,将上述操作命令记作:File→Newsystem,以下类同。各菜单下的命令及其功能如表 1-1 所示。

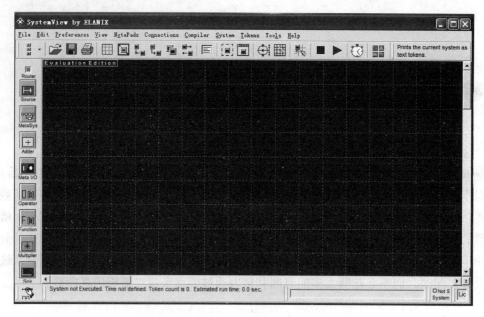

图 1-1　系统视窗

表 1-1　SystemView 4.5 各菜单下的命令及其功能

菜　单　名	菜单命令	各命令的功能简述
File	File→Newsystem	清除当前系统
	File→Open Recent System	打开最新的 SystemView 文件
	File→Open Existing System	打开已存在的 SystemView 文件
	File→Open System in Safe Mode	以安全模式打开系统
	File→Save System	用已存在的文件名存储当前系统内容
	File→ Save System As	将当前系统内容另存为一个文件
	File→ Save Selected Metasystem	存储选择的亚系统文件
	File→System File Information	系统文件信息
	File→Print System：Text Tokens	打印屏幕内容，图符块用文字代替
	File→Print System：Symbolic Tokens	如实打印屏幕内容，包括图符块
	File→Print System Summary	打印系统摘要，即图符块表
	File→Print System Connection List	打印连接表
	File→Print Real Time Sink	打印实时接收器的波形
	File→Print SystemView Sink	打印 SystemView 信宿接收器的波形
	File→Printer/Page Setup	打印设置
	File→Printer Fonts	打印字体设置
	File→Exit	退出 SystemView 系统

菜　单　名	菜　单　命　令	各命令的功能简述
Edit	Edit→Copy Note Pad	复制便笺
	Edit→Copy SystemView Sink	复制 SystemView 接收器
	Edit→Copy System to Clipboard	复制系统到剪贴板
	Edit→Copy System：Selected Area	选择局部复制系统
	Edit→Copy System：Text Tokens	复制系统中的文字图符块
	Edit→Copy Entire Screen	复制全屏幕
	Edit→Paste To Note Pad	粘贴到便笺
	Edit→Delete	删除图符块或便笺框
Preferences	Preferences→Optimize for Run Time Speed	优化运行时速
	Preferences→Reset All Defaults	复位所有默认设置
	Preferences→Options…	选项
View	View→Zoom	界面图形缩放
	View→MetaSystem	亚系统
	View→Hide Token Numbers	隐藏显示图符编号
	View→Analysis Windows	进入分析窗
	View→Calculator	计算器
	View→Units Converter	统一转换
NotePads	NotePads→Hide All Note Pads	隐藏所有显示便笺
	NotePads→New Note Pad	新插入便笺
	NotePads→Copy Token Parameters to Note Pad	将图符块参数复制到便笺内
	NotePads→Attributes for All Note Pads	所有便笺属性
	NotePads→Attributes Selected Note Pad	选择的便笺属性
	NotePads→Delete Note Pad	删除便笺
	NotePads→Delete All Note Pads	删除所有便笺
Connections	Connections→Disconnect All Tokens	拆除所有图符块之间的连线
	Connections→Check Connections Now	立即检查连接
	Connections→Show Token Output	显示图符块输出
	Connections→Hide Token Output	隐藏图符块输出
Compiler	Compiler→Compile System Now	立即编译系统
	Compiler→Animate Exe Sequence	动画执行顺序
	Compiler→Compiler Wizard	编译导向器
	Compiler→Edit Execution Sequence	编辑执行顺序
	Compiler→Cancel Edit Operation	取消编辑操作
	Compiler→Cancel Last Edit	取消上一次编辑操作
	Compiler→Use Default Exe Sequence	使用默认顺序
	Compiler→Use Custom Exe Sequence	使用用户执行顺序

续表

菜　单　名	菜　单　命　令	各命令的功能简述
System	System→Run System Simulation	运行系统仿真
	System→Single Step Execution	单步执行
	System→Debug（User Code）	调试用户代码
	System→Root Locus	根轨迹
	System→Bode Plot	伯德图
Tokens	Tokens→Find Token	查找指定图符块
	Tokens→Find System Implicit Delays	查找系统固有延迟
	Tokens→Move Selected Tokens	移动选中的图符块
	Tokens→Move All Tokens	整体移动所有图符块
	Tokens→Duplicate Tokens	重复放置图符块
	Tokens→Create MetaSystem	创建亚系统
	Tokens→Re-name MetaSystem	重新命名亚系统
	Tokens→Explode MetaSystem	展开亚系统
	Tokens→Assign Custom Token Picture	为用户图符赋图形
	Tokens→Use Default Token Picture	使用默认设置图符块
	Tokens→ Select New Variable Token	选择新变量图符块
	Tokens→Edit Token Parameter Variations	编辑图符块参数变量
	Tokens→Disable All Parameter Variations	取消所有参数变量
	Tokens→Gloable Parameter Links	全局参数连接
Tools	Tools→Auto Program Generation（APG）	自动程序产生
	Tools→User Code	用户代码
	Tools→Xillinx FPGA	Xillinx 型 FPGA
	Tools→Matlab	Matlab 数学工具

1.2.2　快捷功能按钮

在主菜单栏下，SystemView 为用户提供了 16 个常用快捷功能按钮，按钮功能如下：

清除系统	删图符块	切断连线	布放连线
复制图符	便笺注释	终止运行	系统运行
系统定时	分析窗口	进亚系统	建亚系统
根轨迹	伯德图	重画图形	图符翻转

1.2.3　图符库选择按钮

系统视窗左侧竖排为图符库选择区。图符块（Token）是构造系统的基本单元模块，相当于系统组成框图中的一个子框图，用户在屏幕上所能看到的仅仅是代表某一数学模型的图形标志（图符块），图符块的传递特性由该图符块所具有的仿真数学模型决定。创建一个仿真系统的基本操作是，按照需要调出相应的图符块，将图符块之间用带有传输方向的连线连接起来。这样一来，用户进行的系统输入完全是图形操作，不涉及语言编程问题，使用十分方便。进入系统后，在图符库选择区排列着以下 8 个图符选择按钮。

在上述 8 个按钮中，除双击"加法器"和"乘法器"图符按钮可直接使用外，双击其他按钮后会出现相应的对话框，应进一步设置图符块的操作参数。单击图符库选择区最上边的主库开关按钮 main，将出现选择库开关按钮 Option 下的用户库（Custom）、通信库（Comm）、DSP 库（DSP）、逻辑库（Logic）、射频模拟库（RF/Analog）和数学库（M - Link）选择按钮，可分别双击选择调用。

1.3　库　选　择

1.3.1　选择设置信源

创建系统的首要工作就是按照系统设计方案从图符库中调用图符块，作为仿真系统的基本单元模块。现以创建一个 PN 码信源（Source）为例，该图符块的参数为 2 电平双极性、1V 幅度、100 Hz 码时钟频率，操作步骤如下：

（1）双击"信源库"按钮，并再次双击移出的"信源库图符块"，出现源库（Source Library）选择设置对话框，如图 1-2 所示，它将信源库内各个图符块进行分类，通过 Periodic（周期）、Noise/PN（噪声/PN 码）、Aperiodic（非周期）和 Import 4 个开关按钮进行分类选择和调用，其他库选择对话框与之类似。

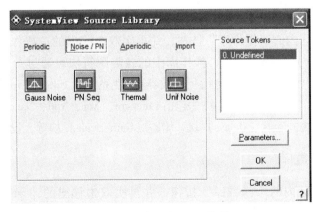

图 1-2　源库选择设置对话框

（2）单击开关按钮选项框内的 PN Seq 图符块表示选中，再次单击对话框中的参数按钮 Parameters，在出现的参数设置对话框中分别设置：幅值 Amplitude = 1，直流偏置 Offset = 0，电平数 Level = 2。

（3）分别单击参数设置和源库选择设置对话框中的 OK 按钮，从而完成该图符块的设置。

1.3.2　选择设置信宿库

当需要对系统中各测试点或某一图符块输出进行观察时，通常应放置一个信宿（Sink）图符块，一般将其设置为 Analysis 属性。Analysis 块相当于示波器或频谱仪等仪器的作用，它是最常使用的分析型图符块之一。Analysis 块的创建操作如下：

（1）双击系统窗左边图符库选择按钮区内的"信宿"按钮，并再次双击移出的"信宿"图符块，出现信宿定义（Sink Definition）对话框，如图 1-3 所示。

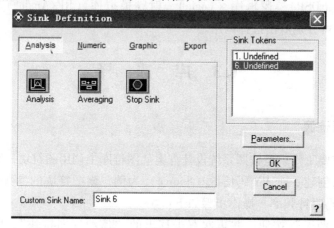

图 1-3　信宿定义对话框

（2）在对话框中单击选中 Analysis 图符块。

（3）最后，单击信宿定义对话框内的 OK 按钮完成信宿选择。

1.3.3　选择设置操作库

双击图符库选择区内的"操作库"按钮，并再次双击移出的"操作库"图符块，出现操作库（Operator Library）选择对话框，操作库中的各类图符块可通过 6 个分类标签选用，如图 1-4 所示，库内常用图符块主要包括：滤波器/线性系统（Filters/LinearSys）块、采样/保持（Sample/Hold）块、逻辑（Logic）块［包括 Compare、Xor、And、Nand、Or、Not 等］、积分微分（Integral/Diff）块、延迟（Delays）块、增益（Gain/Scale）块等，设置参数方法同上。

1.3.4　选择设置函数库

双击图符库选择区内的"函数库"按钮，并再次双击移出的"函数库"图符块，出现函数库（Function Library）选择设置对话框，如图 1-5 所示，设置图符块参数的方法与前面所述类似。

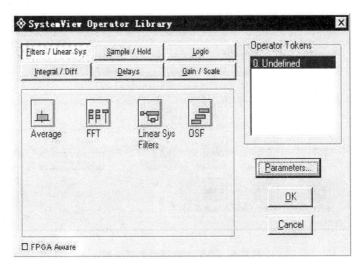

图 1-4　操作库选择对话框

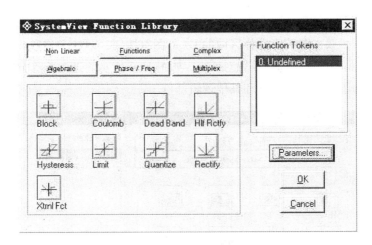

图 1-5　函数库选择设置对话框

对于上述各库的对话框，如果希望知道库内某图符块的功能，可用鼠标指在某个图符块上，立刻出现一个小文本框，框内以英文提示用户该图符块的功能参数和性质。

1.3.5　选择设置通信库

在系统窗口下，单击图符库选择区内上端的开关按钮 **Main**，图符库选择区内图符内容将改变，出现扩展图符库，主要包括 Comm 通信库、DSP 库、Logic 逻辑库、射频/模拟库等，双击其中的 Comm 按钮，再次双击移出的 Comm 图符块，出现通信库（Communications Library）选择设置对话框，如图 1-6 所示。通信库中包括通信系统中经常会涉及的 BCH、RS、Golay、Vitebi 纠错码编码/译码器（Encode/Decode）、不同种类的信道模型（Channel Models）、调制解调器（Modulators/Demodulators）、分频器、锁相环、Costas 环、误码率（BER）分析等可调用功能图符块。

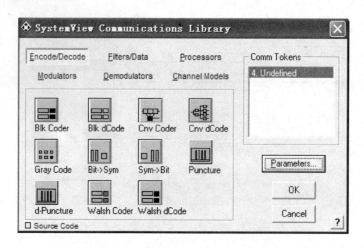

图 1-6　通信库选择设置对话框

1.3.6　选择设置逻辑库

在系统窗口下，双击图符库选择区内的 Logic 图符按钮，再次双击移出的 Logic 图符块，出现逻辑库（Logic Library）选择设置对话框，如图 1-7 所示。通过 6 个选择标签可分门别类地选择库内各种逻辑门、触发器和其他逻辑部件。

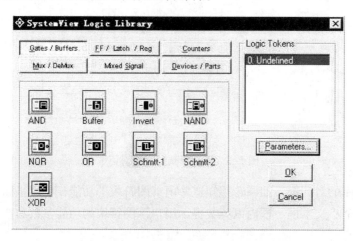

图 1-7　逻辑库选择设置对话框

除已经介绍的图符库外，SystemView 还提供了其他种类的丰富库资源，但作为一般通信系统的仿真分析，基本可不涉及其他类型库的调用，由于篇幅的限制，本书不做进一步的详细介绍，对此有兴趣的读者可参阅相关资料。

1.4　系　统　定　时

在 SystemView 系统窗口中完成系统创建输入操作（包括调出图符块、设置参数、连线等）后，首先应对输入系统的仿真运行参数进行设置，因为计算机只能采用数值计算方式，起始点和终止点究竟为何值？究竟需要计算多少个离散样值？这些信息必须告知计算机。假如被分析的信号是时间的函数，则从起始时间到终止时间的样值数目就与系统的采样率或者采样时间间隔有关。实际上，各类系统或电路仿真工具几乎都有这一关键的操作步骤，SystemView 也不例外。如果这类参数设置不合理，仿真运行后的结果往往不能令人满意，甚至根本得不到预期的结果。有时，在创建仿真系统前就需要设置系统定时（System Time）参数。

当在系统窗口下完成设计输入操作后，首先单击"系统定时"按钮⏱，此时将出现系统定时设置（System Time Specification）对话框，如图 1-8 所示。

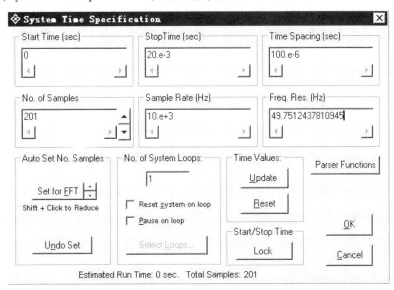

图 1-8　系统定时设置对话框

用户需要设置几个参数框内的参数，包括以下几条。

1. 起始时间（Start Time）和终止时间（Stop Time）

SystemView 基本上对仿真运行时间没有限制，只是要求起始时间小于终止时间。一般起始时间设为 0，单位是秒（s），终止时间设置应考虑到便于观察波形。

2. 采样间隔（Time Spacing）和采样数目（No. of Samples）

采样间隔和采样数目是相关的参数，它们之间的关系为：

$$采样数目 = (终止时间 - 起始时间) \times (采样率) + 1$$

SystemView 将根据这个关系式自动调整各参数的取值，当起始时间和终止时间给定后，一般采样数目和采样率这两个参数只须设置一个，改变采样数目和采样率中的任意一个参数，另一个将由系统自动调整，采样数目只能是自然数。

3. 频率分辨率（Freq. Res.）

当利用 SystemView 进行 FFT 分析时，需根据时间序列得到频率分辨率，系统将根据下列关系式计算频率分辨率：

$$频率分辨率 = 采样率 / 采样数目$$

4. 更新数值 (Update Values)

当用户改变设置参数后，需要单击一次 Time Values 栏内的 Update 按钮，系统将自动更新设置参数，然后单击 OK 按钮。

5. 自动设置采样点数 (Auto Set No. Samples)

系统进行 FFT 运算时，若用户给出的数据点数不是 2 的整数幂，单击此按钮后系统将自动进行速度优化。

6. 系统循环次数 (No. of System Loops)

在此栏内输入循环次数，对于 Reset system on loop 复选框，若不选中，每次运行的参数都将被保存，若选中，每次运行时的参数不被保存，经多次循环运算即可得到统计平均结果。应当注意的是，无论设置还是修改参数，结束操作前必须单击一次 OK 按钮，确认后关闭系统定时对话框。

1.5 分析视窗

设置好系统定时参数后，单击"系统运行"按钮 ▶，计算机开始运算各个数学模型间的函数关系，生成曲线待显示调用。此后，单击"分析窗口"按钮，进入分析视窗 (SystemView Analysis) 进行操作。分析视窗如图 1-9 所示。

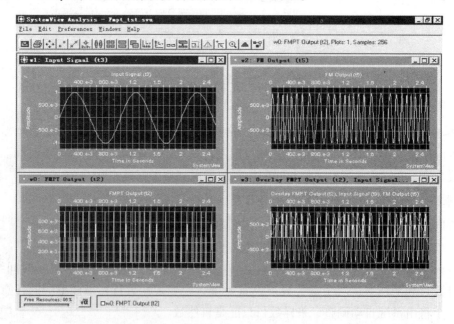

图 1-9 分析视窗

分析视窗的主要功能是显示系统窗中信宿（主要是 Analysis 块）处的分析波形、功率谱、眼图、信号星座图等信息，每个信宿对应一个活动波形窗口，各以多种排列方式同时或单独显示，也可将若干个波形合成在同一个窗口中显示，以便进行结果对比。

在分析窗口下，第一行为"主菜单栏"，包括：File、Edit、Preferences、Windows、Help 5 个功能栏；第二行为"工具栏"，自左至右的图标按钮依次为：

按钮 1：绘制新图；按钮 2：打印图形；按钮 3：恢复；按钮 4：点绘；

按钮 5：连点；按钮 6：显示坐标；按钮 7：X 轴标记；按钮 8：平铺显示；

按钮 9：横排显示；按钮 10：叠层显示；按钮 11：X 轴对数化；按钮 12：Y 轴对数化；

按钮 13：窗口最小化；按钮 14：打开所有窗口；按钮 15：动画模拟；按钮 16：统计；

按钮 17：微型窗口；按钮 18：快速缩放；按钮 19、20：极坐标网络、输入 APG；

按钮 21：返系统窗口。

1.6　在分析视窗中观察分析结果

通信系统的仿真分析结果主要以不同形式的时域或频域系统响应波形、特性曲线来表示，主要包括：时域波形、眼图、功率谱、信号星座图、误码特性曲线等形式，并以活动窗口给出。各类波形显示操作主要与"SystemView 信宿计算器"对话框的操作有关。当完成了系统创建输入、设置好系统定时参数并运行后，便可进入分析视窗。单击分析视窗下端信宿计算器按钮 ，出现"SystemView 信宿计算器"对话框，如图 1-10 所示，该对话框左上方共有 11 个分类标签，右上方的 Select one or more Windows 选项框内顺序给出了分析系统中的"波形号：用户信宿名称（信宿块编号）"。

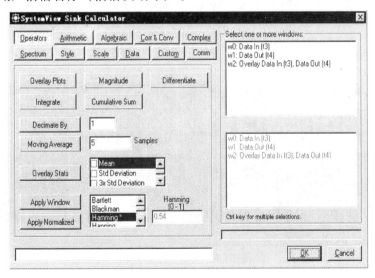

图 1-10　"SystemView 信宿计算器"对话框

1.6.1　观察时域波形

时域波形是最为常用的系统仿真分析结果表达形式。进入分析窗后，单击"工具栏"内的绘制新图按钮（按钮 1），可直接顺序显示出放置信宿图符块的时域波形，单击分析视窗工具栏中的按钮 8 可将信宿图符块的时域波形进行平铺显示，单击按钮 9 进行横排显示，单击按钮 10 进行叠层显示。

1.6.2　观察眼图

　　首先回顾"眼图"的概念。对于码间干扰和噪声同时存在的数字传输系统，给出系统传输性能的定量分析是非常繁杂的事请，而利用"观察眼图"这种实验手段可以非常方便地估计系统传输性能。实际观察眼图的具体实验方法是：用示波器接在系统接收滤波器输出端，调整示波器水平扫描周期 T_s，使扫描周期与码元周期 T_c 同步（即 $T_s = nT_c$，n 为正整数），此时示波器显示的波形就是眼图。由于传输码序列的随机性和示波器荧光屏的余辉作用，使若干个码元波形相互重叠，波形酷似一个个"眼睛"，故称为"眼图"。"眼睛"睁得越大，表明判决的误码率越低，反之，误码率上升。SystemView 具有"眼图"这种重要的分析功能，图 1-11 给出了 SystemView 分析所得眼图波形。

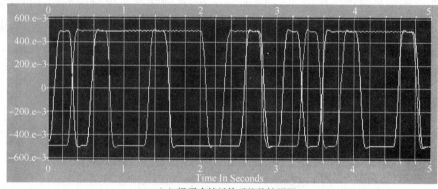

（a）误码率较低的系统传输眼图

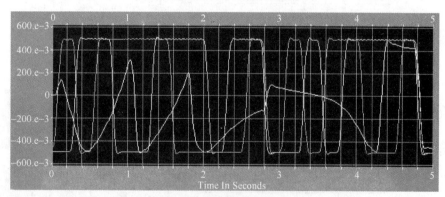

（b）误码率较高的系统传输眼图

图 1-11　不同眼图的对比

　　在分析视窗下，当屏幕上已经出现波形显示活动窗后，单击信宿计算器按钮，出现"SystemView 信宿计算器"对话框，单击 Style 标签，出现图 1-12 所示的参数设置界面，单击 Slice 按钮，在其 Start［sec］栏内输入观察波形的起始时刻，在 Length［sec］栏内输入观察时间长度，单位均为秒（s）。

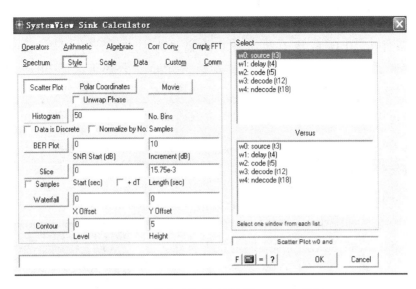

图 1-12　信宿计算器对话框的 Style 选项卡

应当注意的是，系统的输出波形自分析起始时刻开始常常有一段时间的过渡过程，故设置眼图观察的起始时刻应让过这段时间，图 1-11（a）所示设置的是 Start［sec］=5、Length［sec］=5 的眼图，而图 1-11（b）所示设置是 Start［sec］=0、Length［sec］=5 的眼图，说明过渡状态期间的眼图较差。Length 设置的时间值越大，看到的"眼"越多，且应为 T_c 的整数倍。最后单击 OK 按钮返回分析视窗，等待观察指定的眼图，究竟看哪一个信号的眼图，可用鼠标左键选中 Select one window 选项框内的块名称和编号（选中后变成反白条）。

1.6.3　观察功率谱

当需要观察信号功率谱时，可在分析视窗下单击信宿计算器按钮，出现"SystemView 信宿计算器"对话框，单击 Spectrum 标签，出现图 1-13 所示界面。

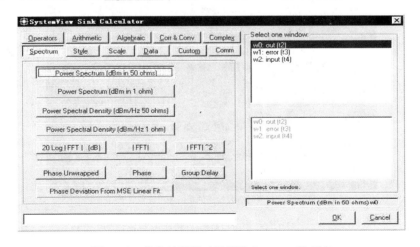

图 1-13　信宿计算器对话框的 Spectrum 选项卡

接下来选择计算功率谱的条件，如选中 Power Spectrum［dBm in 50 ohms］项，则表示计算功率谱的条件为 50 Ω 负载上的对数功率谱、选中 Power Spectral Density［dBm/Hz 50 ohms］，则表示计算 50 Ω 负载上的对数功率谱密度，另外还可选择 20Log｜FFT｜（dB）、｜FFT｜或 FFT｜^2；在 Select One Window 选项框内选择信号观测点；最后单击 OK 按钮返回分析视窗，等待功率谱显示活动窗口的出现，在通信系统分析中，对信号进行功率谱分析是十分重要的内容。

1.6.4 观察信号星座图或相位路径转移图

在对数字调制系统或数字调制信号进行分析时，常借助二维平面的信号星座图（Signal Constellation）来形象地说明某种数字调制信号的"幅度－相位"关系，从而可以定性地表明与抗干扰能力有关的"最小信号距离"。以 16QAM 系统为例，发送端理想的信号星座图如图 1–14 所示。

在接收系统输出时，由于信道特性不理想和干扰噪声的影响，信号点产生发散现象，信号点的发散程度与信道特性不理想程度和噪声强度有关。图 1–15（a）为接收滤波器输出在噪声极弱时的信号星座图，图 1–15（b）为接收滤波器输出在噪声较强时的信号星座图，这两张图是 SystemView 经过大量统计分析得到的，每组 4 电平基带码正交矢量合成为一个信号点。

图 1–14　理想的 16QAM 信号星座图

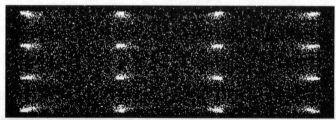

（a）噪声极弱时接收输出的 16QAM 信号星座图

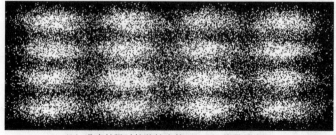

（b）噪声较强时接收输出的 16QAM 信号星座图

图 1–15　16QAM 信号星座图对比

除可以观察信号星座图外，利用 SystemView 还可观察信号的相位转换图。在出现信号星座图显示活动窗口后，单击分析视窗中第二行"工具栏"的点绘按钮（按钮 4）可观察星座图，单击连点按钮（按钮 5）可观察信号的相位路径转换图，两种操作可相互切换。点的大小可利用 Preference→Smaller Points in…→Normal/small/pixel 命令修改。理想的 16QAM 信号相位路径转换图如图 1–16 所示。注意：图形被拉长显示。

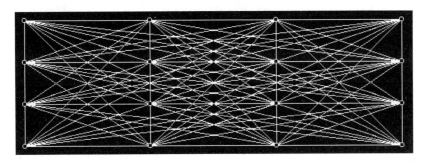

图 1–16　理想的 16QAM 信号相位路径转换图

利用 SystemView 观察信号眼图或相位转换图，仍然是利用信宿计算器的对话框。仍以观察 16QAM 发送信号为例，其信号星座图和相位转换图与同相支路码信号（I 信号）和正交支路码信号（Q 信号）有关。在分析视窗下单击信宿计算器按钮，在出现的对话框中，首先单击 Style 标签，在 Select one window from each list 栏内选中系统输入的 I 信号（w0：）后，单击 Scatter Plot 按钮，再在 Versus 栏内选中系统输入的 Q 信号（w1：），如图 1–17 所示，最后单击 OK 按钮结束设置操作，出现信号星座图显示活动窗口。

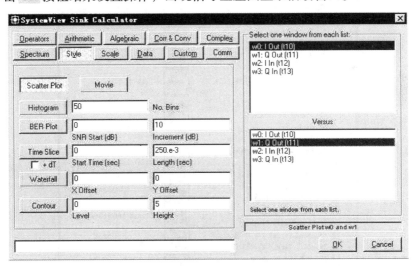

图 1–17　观察星座图或相位路径的对话框设置

另外，在出现信号星座图后，单击"工具栏"内的动画模拟按钮（按钮 15），此时活动窗口内出现一个跳动光点，该光点的变化轨迹正是随所传数字序列改变信号点运动的轨迹。

从这部分内容可以看出，SystemView 具有很强的通信系统仿真分析功能，除上述介绍的分析功能外，还可以做系统的误码率分析，还有许多其他分析功能限于本书篇幅未做介绍，有兴趣的读者可进一步探索。

第❷章 MATLAB/Simulink 仿真原理与技术

2.1 演示一个 Simulink 的简单程序

【实例2-1】 创建一个正弦信号的仿真模型。

步骤如下：

（1）在 MATLAB 的命令窗口运行 Simulink 命令，或单击工具栏中的▇按钮，就可以打开 Simulink 模块库浏览器（Simulink Library Browser）窗口，如图 2-1 所示。

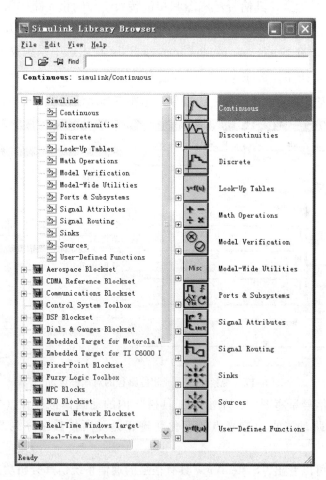

图 2-1 Simulink 模块库浏览器窗口

（2）单击工具栏上的 ⬜ 按钮或选择菜单中的 File→New→Model 命令，新建一个名为 un-titled 的空白模型窗口。

（3）在图 2-1 所示的右侧子模块窗口中，单击 Source 子模块库前的"＋"图标（或双击 Source），或者直接在左侧模块和工具箱栏单击 Simulink 下的 Source 子模块库，便可看到各种输入源模块。

（4）单击所需要的输入信号源模块 Sine Wave（正弦信号，见图 2-2），将其拖放到空白模型 untitled 窗口中，则 Sine Wave 模块就被添加到 untitled 窗口；也可以选中 Sine Wave 模块，单击鼠标右键，在快捷菜单中选择 add to 'untitled '命令，就可以将 Sine Wave 模块添加到 untitled 窗口。

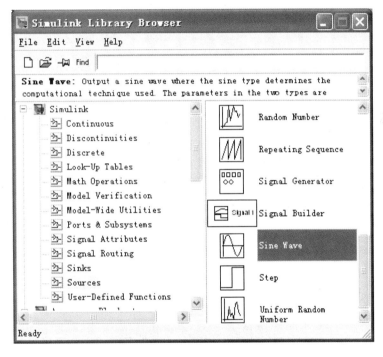

图 2-2　Simulink 界面

（5）用同样的方法打开接收模块库 Sinks，选择其中的 Scope 模块（示波器）拖放到 un-titled 窗口中。

（6）在 untitled 窗口中，用鼠标指向 Sine Wave 右侧的输出端，当光标变为十字符时，按住鼠标拖向 Scope 模块的输入端，松开鼠标按键，就完成了两个模块间的信号线连接，一个简单模型已经建成，如图 2-3 所示。

（7）开始仿真，单击 untitled 模型窗口中"开始仿真"按钮 ▶，或者选择菜单中的 Sim-ulink→Start 命令，则仿真开始，双击 Scope 模块出现示波器显示窗口，可以看到正弦波形，如图 2-4 所示。

（8）保存模型，单击工具栏中 🖫 按钮，将该模型保存为"Ex0701. mdl"文件。

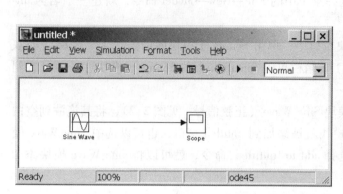

图 2-3　Simulink 模型窗口

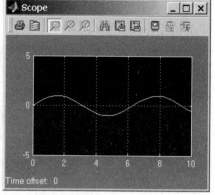

图 2-4　示波器窗口

2.2　Simulink 的文件操作和模型窗口

2.2.1　Simulink 的文件操作

1．新建文件

新建仿真模型文件有以下几种操作：

（1）在 MATLAB 的命令窗口选择 File→New→Model 命令。

（2）在图 2-1 所示的 Simulink 模块库浏览器窗口选择 File→New→Model 命令，或者单击工具栏中□按钮。

（3）在图 2-5 所示的 Simulink 模型窗口选择 File→New→Model 命令，或者单击工具栏中□按钮。

2．打开文件

打开仿真模型文件有以下几种操作：

（1）在 MATLAB 的命令窗口输入不加扩展名的文件名，该文件必须在当前搜索路径中，例如输入"Ex0701"。

（2）在 MATLAB 的命令窗口选择 File→Open…命令或者单击工具栏中 按钮打开文件。

（3）在图 2-1 所示的 Simulink 模块库浏览器窗口选择 File→Open…命令或者单击工具栏中 按钮打开".mdl"文件。

（4）在图 2-5 所示的 Simulink 模型窗口中选择 File→Open…命令或者单击工具栏中 按钮打开文件。

2.2.2　Simulink 的模型窗口

Simulink 模型窗口由菜单、工具栏、模型浏览器窗格、模型框图窗格以及状态栏组成。

1．工具栏

Simulink 模型窗口工具栏如图 2-6 所示。

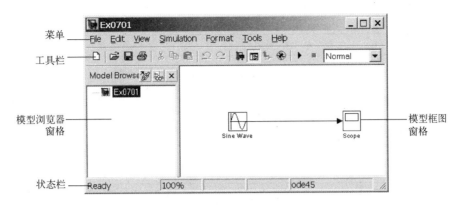

图 2-5　Simulink 模型窗口

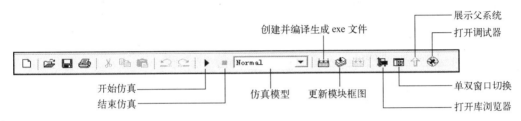

图 2-6　工具栏

2. 菜单

Simulink 的模型窗口的常用菜单如表 2-1 所示。

表 2-1　模型窗口常用菜单

菜 单 名	菜 单 项	功 能
File	New→Model	新建模型
	Model properties	模型属性
	Preferences	Simulink 界面的默认设置选项
	Print…	打印模型
	Close	关闭当前 Simulink 窗口
	Exit MATLAB	退出 MATLAB 系统
Edit	Create subsystem	创建子系统
	Mask subsystem…	封装子系统
	Look under mask	查看封装子系统的内部结构
	Update diagram	更新模型框图的外观
View	Go to parent	显示当前系统的父系统
	Model browser options	模型浏览器设置
	Block data tips options	鼠标位于模块上方时显示模块内部数据
	Library browser	显示库浏览器
	Fit system to view	自动选择最合适的显示比例
	Normal	以正常比例（100%）显示模型

菜　单　名	菜　单　项	功　　能
Simulation	Start/Stop	启动/停止仿真
	Pause/Continue	暂停/继续仿真
	Simulation parameters…	设置仿真参数
	Normal	普通 Simulink 模型
	Accelerator	产生加速 Simulink 模型
Format	Text alignment	标注文字对齐工具
	Filp name	翻转模块名
	Show/Hide name	显示/隐藏模块名
	Filp block	翻转模块
	Rotate block	旋转模块
	Library link display	显示库链接
	Show/Hide drop shadow	显示/隐藏阴影效果
	Sample time colors	设置不同的采样时间序列的颜色
	Wide nonscalar lines	粗线表示多信号构成的向量信号线
	Signal dimensions	注明向量信号线的信号数
	Port data types	标明端口数据的类型
	Storage class	显示存储类型
Tools	Data explorer…	数据浏览器
	Simulink debugger…	Simulink 调试器
	Data class designer	用户定义数据类型设计器
	Linear analysis	线性化分析工具

2.3　模型的创建

2.3.1　模块的操作

1. 对象的选定

1）选定单个对象

选定对象只要在对象上单击，被选定的对象的四角处会出现小黑块编辑框。

2）选定多个对象

如果选定多个对象，可以按下 Shift 键，然后再单击所需选定的模块；或者用鼠标拉出矩形虚线框，将所有待选模块框在其中，则矩形框中所有的对象均被选中，如图 2-7 所示。

3）选定所有对象

如果要选定所有对象，可以选择 Edit→Select all 命令。

2．模块的复制

1）不同模型窗口（包括模型库窗口）之间的模块复制

（1）选定模块，用鼠标将其拖到另一模型窗口。

（2）选定模块，使用菜单中 Copy 和 Paste 命令。

（3）选定模块，使用工具栏中 Copy 和 Paste 按钮。

2）在同一模型窗口内的复制模块（见图 2-8）

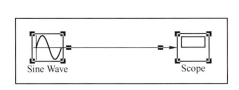

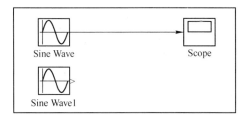

图 2-7　选定多个对象　　　　　　　图 2-8　在同一模型窗口复制对象

（1）选定模块，按下鼠标右键，拖动模块到合适的位置，释放鼠标。

（2）选定模块，按住 Ctrl 键，再用鼠标拖动对象到合适的位置，释放鼠标。

（3）使用菜单和工具栏中的 Copy 和 Paste 按钮。

3．模块的移动

1）在同一模型窗口移动模块

选定需要移动的模块，用鼠标将模块拖到合适的位置。

2）在不同模型窗口之间移动模块

在不同模型窗口之间移动模块，在用鼠标移动的同时按下 Shift 键。当模块移动时，与之相连的连线也随之移动。

4．模块的删除

要删除模块，应选定待删除模块，按 Delete 键；或者选择 Edit→Clear 或 Cut 命令；或者单击工具栏中 Cut 按钮。

5．改变模块大小

选定需要改变大小的模块，出现小黑块编辑框后，用鼠标拖动编辑框，可以实现放大或缩小。

6．模块的翻转

1）模块翻转 180°

选定模块，选择 Format→Flip Block 命令可以将模块旋转 180°，图 2-9 中间的图为翻转 180°示波器模块。

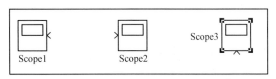

图 2-9　翻转模块

2）模块翻转 90°

选定模块，选择 Format→Rotate Block 命令可以将模块旋转 90°，如图 2-9 右边示波器所示。如果一次翻转不能达到要求，可以多次翻转来实现。

7. 模块名的编辑

1）修改模块名

单击模块下面或旁边的模块名，出现虚线编辑框就可对模块名进行修改。

2）模块名字体设置

选定模块，选择 Format→Font 命令，打开字体对话框设置字体。

3）模块名的显示和隐藏

选定模块，选择 Format→Hide/Show name 命令，可以隐藏或显示模块名。

4）模块名的翻转

选定模块，选择 Format→Flip name 命令，可以翻转模块名。

2.3.2　信号线的操作

1. 模块间连线

先将光标指向一个模块的输出端，待光标变为十字符后，按下鼠标左键并拖动，直到另一模块的输入端。

2. 信号线的分支和折曲

1）分支的产生

将光标指向信号线的分支点上，按下鼠标右键，光标变为十字符，拖动鼠标直到分支线的终点，释放鼠标；或者按住 Ctrl 键，同时按下鼠标左键拖动鼠标到分支线的终点，如图 2-10 所示。

2）信号线的折线

选中已存在的信号线，将光标指向折点处，按住 Shift 键，同时按下鼠标左键，当光标变成小圆圈时，用鼠标拖动小圆圈将折点拉至合适处，释放鼠标，如图 2-11 所示。

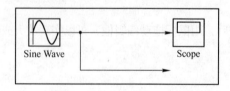

图 2-10　信号线的分支

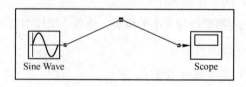

图 2-11　信号线的折线

3. 信号线文本注释（Label）

1）添加文本注释

双击需要添加文本注释的信号线，则出现一个空的文字填写框，在其中输入文本。

2）修改文本注释

单击需要修改的文本注释，出现虚线编辑框即可修改文本。

3）移动文本注释

单击标识，出现编辑框后，就可以移动编辑框。

4）复制文本注释

单击需要复制的文本注释，按下 Ctrl 键同时移动文本注释，或者用菜单和工具栏的复制操作。

4. 在信号线中插入模块

如果模块只有一个输入端口和一个输出端口，则该模块可以直接被插入到一条信号线中。

2.3.3　给模型添加文本注释

1. 添加模型的文本注释

在需要当作注释区的中心位置，双击鼠标左键，就会出现编辑框，在编辑框中就可以输入文字注释。

2. 注释的移动

在注释文字处单击鼠标左键，当出现文本编辑框后，用鼠标就可以拖动该文本编辑框。

2.4　Simulink 的模块

2.4.1　基本模块

Simulink 的基本模块包括 9 个子模块库。

1. 输入信号源模块库（Sources）

输入信号源模块是用来向模型提供输入信号，常用的输入信号源模块源如表 2-2 所示。

表 2-2　常用的输入信号源模块表

名　称	模块形状	功　能　说　明
Constant	1	恒值常数，可设置数值
Step		阶跃信号
Ramp		线性增加或减小的信号
Sine Wave		正弦波输出
Signal Generator		信号发生器，可以产生正弦波、方波、锯齿波和随机波信号
From File	untitled.mat	从文件获取数据
From Workspace	simin	从当前工作空间定义的矩阵读数据
Clock		仿真时钟，输出每个仿真步点的时间
In	1	输入模块

2. 接收模块库（Sinks）

接收模块是用来接收模块信号的，常用的接收模块如表2-3所示。

表2-3　常用的接收模块表

名　　称	模 块 形 状	功　能　说　明
Scope		示波器，显示实时信号
Display		实时数值显示
XY Graph		显示 X－Y 两个信号的关系图
To File	untitled.mat	把数据保存为文件
To Workspace	simout	把数据写成矩阵输出到工作空间
Stop Simulation	STOP	输入不为零时终止仿真，常与关系模块配合使用
Out	1	输出模块

3. 连续系统模块库（Continuous）

连续系统模块是构成连续系统的环节，常用的连续系统模块如表2-4所示。

表2-4　常用的连续系统模块表

名　　称	模 块 形 状	功　能　说　明
Integrator	$\frac{1}{s}$	积分环节
Derivative	du/dt	微分环节
State－Space	$\dot{x}=Ax+Bu$ $y=Cx+Du$	状态方程模型
Transfer Fcn	$\frac{1}{s+1}$	传递函数模型
Zero－Pole	$\frac{(s-1)}{s(s+1)}$	零－极点增益模型
Transport Delay		把输入信号按给定的时间进行延时

4. 离散系统模块库（Discrete）

离散系统模块是用来构成离散系统的环节，常用的离散系统模块如表2-5所示。

表2-5　常用的离散系统模块表

名　　称	模 块 形 状	功　能　说　明
Discrete Transfer Fcn	$\frac{1}{z+0.5}$	离散传递函数模型
Discrete Zero－Pole	$\frac{(z-1)}{z(z-0.5)}$	离散零极点增益模型

名　　称	模 块 形 状	功　能　说　明
Discrete State – Space	$y(n)=Cx(n)+Du(n)$ $x(n+1)=Ax(n)+Bu(n)$	离散状态方程模型
Discrete Filter	$\dfrac{1}{1+0.5z^{-1}}$	离散滤波器
Zero – Order Hold	零阶保持器
First – Order Hold	一阶保持器
Unit Delay	$\dfrac{1}{z}$	采样保持，延迟一个周期

2.4.2　常用模块的参数和属性设置

1. 模块参数设置

1）正弦信号源（Sine Wave）

双击正弦信号源模块，会出现如图 2-12 所示的参数设置对话框。

图 2-12 的上部分为参数说明，仔细阅读可以帮助用户设置参数。Sine type 为正弦类型，包括 Time – based 和 Sample – based 选项；Amplitude 为正弦幅值；Bias 为幅值偏移值；Frequency 为正弦频率；Phase 为初始相角；Sample time 为采样时间。

2）阶跃信号源（Step）

阶跃信号模块是输入信号源，其模块参数对话框如图 2-13 所示。

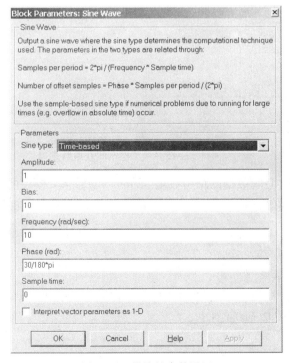

图 2-12　模块的参数设置

图 2-13　阶跃信号模块的参数

27

其中：Step time 为阶跃信号的变化时刻，Initial value 为初始值，Final value 为终止值，Sample time 为采样时间。

3）从工作空间获取数据（From Workspace）

从工作空间获取数据模块的输入信号源为工作空间。

【实例2-2】 在工作空间计算变量 t 和 y，将其运算的结果作为系统的输入。

```
t = 0 : 0. 1 : 10 ;
y = sin( t ) ;
t = t ' ;
y = y ' ;
```

然后将 From Workspace 模块的参数设置对话框打开，如图 2-14 所示，在 Data 栏输入"[t,y]"，单击 OK 按钮完成设置。则在模型窗口中该模块显示如图 2-15 所示。用示波器作为接收模块，可以查看输出波形为正弦波。

图 2-14 模块参数设置   图 2-15 从工作空间获取数据模块

Data 的输入有几种，可以是矩阵、包含时间数据的结构数组。From Workspace 模块的接收模块必须有输入端口，Data 矩阵的列数应等于输入端口的个数 +1，第一列自动当成时间向量，后面几列依次对应各端口。

```
t = 0 : 0. 1 : 2 * pi ;
y = sin( t ) ;
y1 = [ t ; y ] ;
save Ex0702 y1              % 保存在"Ex0702. mat"文件中
```

4）从文件获取数据（From File）

从文件获取数据模块是指从 . mat 数据文件中获取数据为系统的输入。

将【实例2-2】中的数据保存到 . mat 文件：

```
t =0 :0. 1 :2 * pi ;
y = sin( t) ;
y1 = [t ;y] ;
save Ex0702 y1                    % 保存在"Ex0702. mat"文件中
```

然后将 From File 模块的参数设置对话框打开，如图 2-16 所示，在 File name 栏填写 "Ex0702. mat"，单击 OK 按钮完成设置。用示波器作为接收模块，可以查看输出波形。

5）传递函数（Transfer Function）

传递函数模块是用来构成连续系统结构的模块，其模块参数对话框如图 2-17 所示。

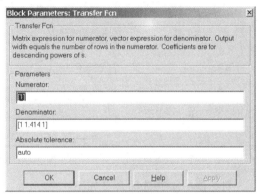

图 2-16　From File 参数设置　　　　　图 2-17　传递函数模块参数设置

在图 2-17 中设置 Denominator 为 "［1 1. 414 1］"，则在模型窗口中显示如图 2-18 所示。

图 2-18　设置 Denominator

6）示波器（Scope）

示波器模块是用来接收输入信号并实时显示信号波形曲线，示波器窗口的工具栏可以调整显示的波形，显示正弦信号的示波器如图 2-19 所示。

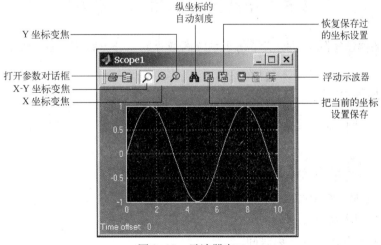

图 2-19　示波器窗口

29

2. 模块属性设置

每个模块的属性对话框的内容基本相同，如图 2-20 所示。

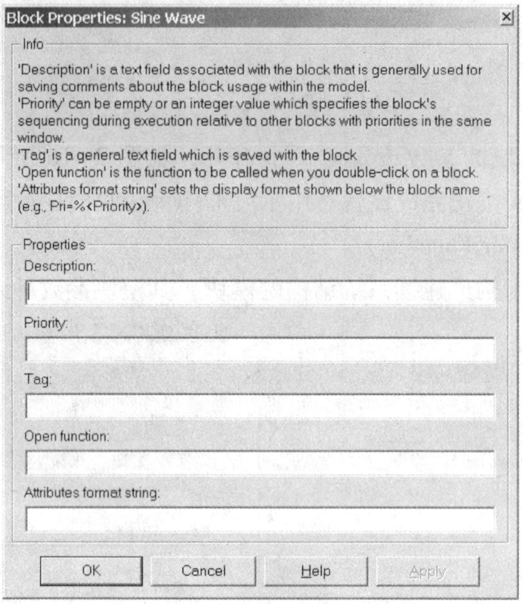

图 2-20　模块的属性设置

对话框中一些选项含义如下：

（1）说明（Description）：对模块在模型中用法的注释。

（2）优先级（Priority）：规定该模块在模型中相对于其他模块执行的优先顺序。

（3）标记（Tag）：用户为模块添加的文本格式标记。

（4）调用函数（Open function）：当用户双击该模块时调用的 MATLAB 函数。

（5）属性格式字符串（Attributes format string）：指定在该模块的图标下显示模块的哪个参数和格式。

2.5　复杂系统的仿真与分析

Simulink 的模型实际上是定义了仿真系统的微分或差分方程组，而仿真则是用数值解算法来求解方程。

2.5.1　仿真的设置

在模型窗口选择 Simulation→Simulation parameters…命令，则会打开参数设置对话框，如图 2-21 所示。

1. Solver 选项卡的参数设置

1）仿真的起始和结束时间

Start time 栏设置仿真的起始时间；

Stop time 栏设置仿真的结束时间。

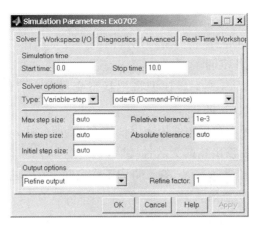

图 2-21　Solver 参数设置

2）仿真步长

仿真的过程一般是求解微分方程组，Solve options 选项组中的选项是针对解微分方程组的设置。

3）仿真解法

Type 的右边选项：设置仿真解法的具体算法类型。

4）输出模式

根据需要选择输出模式（Output options），可以达到不同的输出效果。

2. Workspace I/O（工作空间输入/输出）选项卡的设置

如图 2-22 所示，可以设置 Simulink 从工作空间输入数据、初始化状态模块，也可以把仿真的结果、状态模块数据保存到当前工作空间。

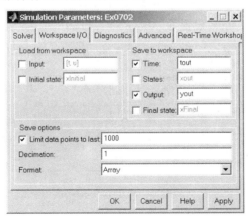

图 2-22　Workspace I/O 参数设置

1）从工作空间装载数据（Load from workspace）

（1）input 栏：勾选 input 栏后，即可从 MATLAB 工作空间获取时间和输入变量，一般时间变量定义为 t，输入变量定义为 u。

（2）Initial state 栏：勾选 Initial state 栏是指用来定义从 MATLAB 工作空间获得的状态初始值的变量值。

2）保存数据到工作空间（Save to workspace）

（1）Time 栏：勾选 Time 栏后，模型将把（时间）变量以在右边文本框中输入的变量名（默认名为 tout）存放于工作空间。

（2）States 栏：勾选 States 栏后，模型将把状态变量以在右边文本框中输入的变量名（默认名为 xout）存放于工作空间。

（3）Output 栏：如果模型窗口中使用输出模块 Out，那么就必须勾选 Output 栏，并在文本框中输入在工作空间中的输出数据变量名（默认名为 yout）。

（4）Final state 栏：勾选 Final state 栏，将向工作空间以在右边文本框中输入的名称（默认名为 xFinal），存放最终状态值。

3）变量存放选项（Save options）

Save options 必须与 Save to workspace 配合使用。

2.5.2　连续系统仿真

【实例 2-3】　建立二阶系统的仿真模型。

方法：

输入信号源使用阶跃信号，系统使用开环传递函数 $\dfrac{1}{s^2+0.6s}$，接受模块使用示波器来构成模型。

（1）在 Sources 模块库选择 Step 模块，在 Continuous 模块库选择 Transfer Fcn 模块，在 Math Operations 模块库选择 Sum 模块，在 Sinks 模块库选择 Scope 模块。

（2）连接各模块，从信号线引出分支点，构成闭环系统。

（3）设置模块参数，打开 Sum 模块参数设置对话框，如图 2-23 所示。将 Icon shape 设置为 rectangular，将 List of signs 设置为"｜＋－"，其中"｜"表示上面的入口为空。

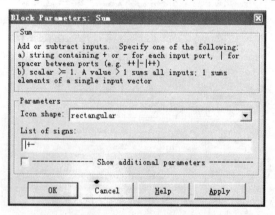

图 2-23　Sum 参数设置

在 Transfer Fcn 模块的参数设置对话框中，将分母多项式 Denominator 设置为"［1 0.60］"。在 Step 模块的参数设置对话框中，将 Step time 修改为 0。

（4）添加信号线文本注释。双击信号线，出现编辑框后，就输入文本，则模型如图 2-24 所示。

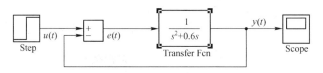

图 2-24　二阶系统模型

（5）仿真并分析。单击工具栏中的 Start simulation 按钮，开始仿真，在示波器上就显示出阶跃响应。

在 Simulink 模型窗口，选择菜单 Simulation→Simulation parameters…命令，在 Solver 选项卡中将 Stop time 设置为 15，然后单击 Start simulation 按钮，示波器显示的就到 15 s 结束。

打开示波器的 Y 坐标设置对话框，将 Y 坐标的 Y－min 改为 0，Y－max 改为 2，将 Title 设置为"二阶系统时域响应"。

2.5.3　离散系统仿真

【实例2-4】　控制部分为离散环节，被控对象为两个连续环节，其中一个有反馈环，反馈环引入了零阶保持器，输入为阶跃信号。

创建模型并仿真：

（1）选择一个 Step 模块，选择两个 Transfer Fcn 模块，选择两个 Sum 模块，选择两个 Scope 模块，选择一个 Gain 模块，在 Discrete 模块库选择一个 Discrete Filter 和一个 Zero－Order Hold 模块。

（2）连接模块，将反馈环的 Gain 模块和 Zero－Order Hold 模块翻转。

（3）设置参数，Discrete Filter 和 Zero－Order Hold 模块的 Sample time 都设置为 0.1 s。

（4）添加文本注释，系统框图如图 2-25 所示。

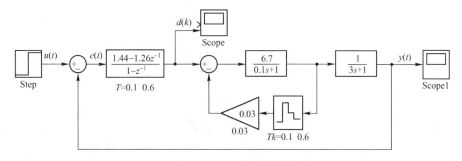

图 2-25　离散系统框图

（5）设置颜色，Simulink 为帮助用户方便地跟踪不同采样频率的运作范围和信号流向，可以采用不同的颜色表示不同的采样频率，选择菜单 Format→Sample time color 命令，就可以看到不同采样频率的模块颜色不同。

（6）开始仿真，在 Simulink 模型窗口，选择菜单 Simulation→Simulation parameters…命令，将 Max step size 设置为 0.05 s，则两个示波器 Scope 和 Scope1 的显示如图 2-26 所示。

可以看出当 $T = Tk = 0.1$ 时系统的输出响应较平稳。

（7）修改参数，将 Discrete Filter 模块的 Sample time 设置为 0.6 s，Zero－Order Hold 模块的 Sample time 不变；选择菜单 Edit→Update diagram 命令修改颜色，就可以看到 Discrete Filter 模块的颜色变化了；然后开始仿真，则示波器显示如图 2-27 所示。

可以看出当 $T = 0.6$ 而 $Tk = 0.1$ 时，系统出现振荡。

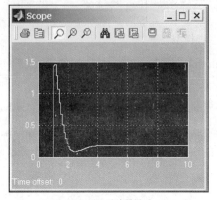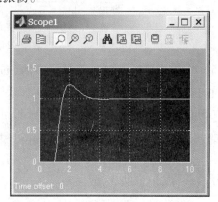

（a）$d(k)$ 示波器显示　　　　　　　　　　　　（b）$y(t)$ 示波器显示

图 2-26　$T = Tk = 0.1$ 示波器显示

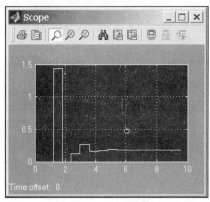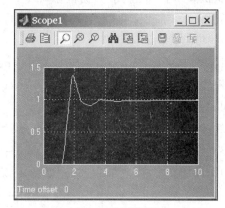

（a）$d(k)$ 示波器显示　　　　　　　　　　　　（b）$y(t)$ 示波器显示

图 2-27　$T = 0.6$　$Tk = 0.1$ 示波器显示

（8）修改参数，将 Discrete Filter 和 Zero - Order Hold 模块的 Sample time 都设置为 0.6 s，更新框图颜色，开始仿真，则示波器显示如图 2-28 所示。

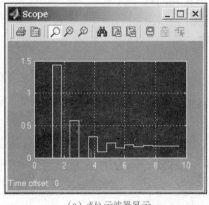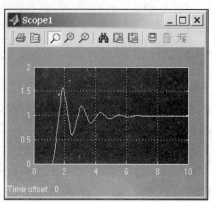

（a）$d(k)$ 示波器显示　　　　　　　　　　　　（b）$y(t)$ 示波器显示

图 2-28　$T = Tk = 0.6$ 示波器波形

可以看出当 $T = Tk = 0.6$ 时，系统出现强烈的振荡。

2.5.4　仿真结构参数化

当系统参数需要经常改变或由函数得出时，可以使用变量来作为模块的参数。

【实例2-5】　将实例2-4中的模块结构参数用变量表示，系统框图如图2-29所示。

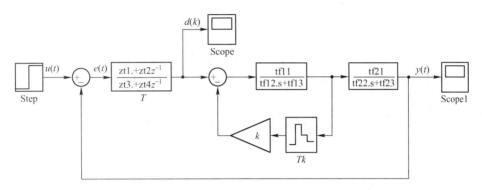

图 2-29　离散系统框图

将参数设置放在 Ex0705_1.m 文件中：

```
% Ex0705_1　参数设置
T = 0.1;                  % 控制环节采样时间
Tk = 0.6;                 % 零阶保持器采样时间
k = 0.03;                 % Gain 增益
zt1 = 1.44;zt2 = -1.26;zt3 = 1;zt4 = -1;
tf11 = 6.7;tf12 = 0.1;tf13 = 1;
tf21 = 1;tf22 = 3;tf23 = 1
```

在 MATLAB 工作空间运行该文件：

```
Ex0705_1
```

2.6　创建 Simulink 子系统及其封装

2.6.1　创建简单子系统

子系统类似于编程语言中的子函数。建立子系统有两种方法：在模型中新建子系统和在已有的子系统基础上建立。

1. 在已建立的模型中新建子系统

【实例2-6】　打开实例2-4建立的模型，将控制对象中的第一个连续环节中的反馈环建立为一个子系统。

在模型窗口中，将控制对象中的第一个连续环节的反馈环用鼠标拖出的虚线框框住，选择菜单 Edit→Create subsystem 命令，则系统如图2-30所示。

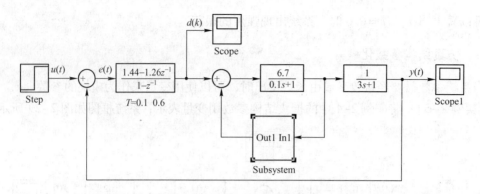

图 2-30　子系统建立框图

双击子系统，则会出现 Subsystem 模型窗口，如图 2-31 所示。可以看到子系统模型除了用鼠标框住的两个环节，还自动添加了一个输入模块 In1 和一个输出模块 Out1。

2．在已有的子系统基础上建立

【实例 2-7】　在实例 2-6 的基础上建立新子系统，将实例 2-6 模型的控制对象中的第一个对象环节整个作为一个子系统。

将图 2-30 中的所有对象都复制到新的空白模型窗口中，双击打开子系统 Subsystem，则出现图 2-31 所示的子系统模型窗口，添加模型构成反馈环形成闭环系统，如图 2-32 所示。

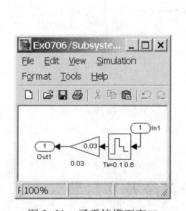

图 2-31　子系统模型窗口

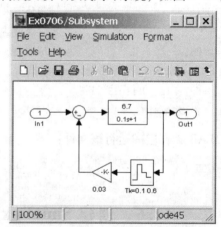

图 2-32　添加模型形成闭环系统

然后将系统模型修改为如图 2-33 所示的系统。

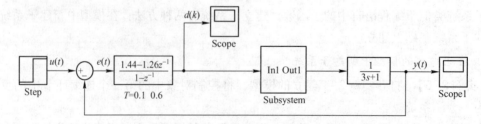

图 2-33　包含子系统的模型

创建的子系统可以打开和修改，但不能再解除子系统设置。

2.6.2　创建条件执行子系统

1. 使能子系统（Enabled Subsystem）

图 2-34 为使能子系统参数设置图，其中图 2-34（a）为 Enable 模块参数设置，图 2-34（b）为 Out1 模块参数设置。

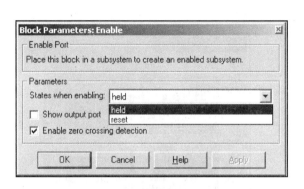

（a）Enable 模块参数设置　　　　　（b）Out1 模块参数设置

图 2-34　使能子系统参数设置图

【实例 2-8】　建立一个用使能子系统控制正弦信号为半波整流信号的模型。模型由正弦信号 Sine Wave 为输入信号源，示波器 Scope 为接收模块，使能子系统 Enabled Subsystem 为控制模块，连接模块，将 Sine Wave 模块的输出作为 Enabled Subsystem 的控制信号，模型如图 2-35（a）所示。

开始仿真，由于 Enabled Subsystem 的控制为正弦信号，大于零时执行输出，小于零时就停止，则示波器显示为半波整流信号，示波器的显示如图 2-35（b）所示。

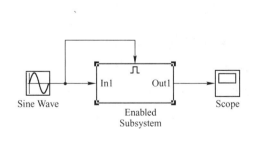

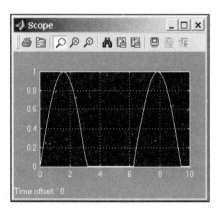

（a）使能子系统模型　　　　　　　（b）示波器显示

图 2-35　实例 2-8 图

2. 触发子系统（Triggered Subsystem）

【实例2-9】　建立一个用触发子系统控制正弦信号输出阶梯波形的模型。

模型由正弦信号 Sine Wave 为输入信号源，示波器 Scope 为接收模块，触发子系统 Triggered Subsystem 为控制模块，选择 Sources 模块库中的 Pulse Generator 模块为控制信号。

连接模块，将 Pulse Generator 模块的输出作为 Triggered Subsystem 的控制信号，模型如图 2-36（a）所示。

开始仿真，由于 Triggered Subsystem 的控制为 Pulse Generator 模块的输出，示波器输出如图 2-36（b）所示。

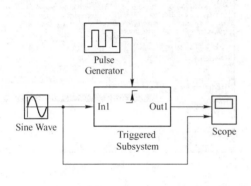
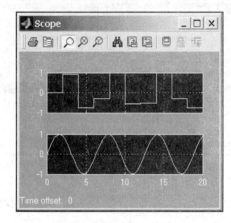

（a）触发子系统模型　　　　　　　　　　　　　　（b）示波器显示

图 2-36　实例 2-9 图

3. 使能触发子系统（Enabled and Triggered Subsystem）

使能触发子系统就是触发子系统和使能子系统的组合，含有触发信号和使能信号两个控制信号输入端，触发事件发生后，Simulink 检查使能信号是否大于 0，大于 0 就开始执行。

2.6.3　子系统的封装

1. 封装子系统的步骤

（1）选中子系统双击打开，给需要进行赋值的参数指定一个变量名。

（2）选择菜单 Edit→Mask subsystem 命令，出现封装对话框。

（3）在封装对话框中设置参数，主要有 Icon、Parameters、Initialization 和 Documentation 这 4 个选项卡。

2. Icon 选项卡

Icon 选项卡用于设定封装模块的名字和外观，如图 2-37 所示。

（1）Drawing commands 栏：用来建立用户化的图标，可以在图标中显示文本、图像、图形或传递函数等。在 Drawing commands 栏中的命令如图 2-37 中 Examples of drawing commands 的下拉列表所示，包括 plot、disp、text、port_label、image、patch、color、droots、 dpoly 和 fprintf。

（2）Icon Options 栏：用于设置封装模块的外观。

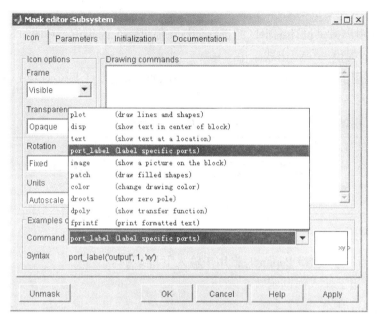

图 2-37　Icon 选项卡

3. Parameters 选项卡

Parameters 选项卡用于输入变量名称和相应的提示，如图 2-38 所示。

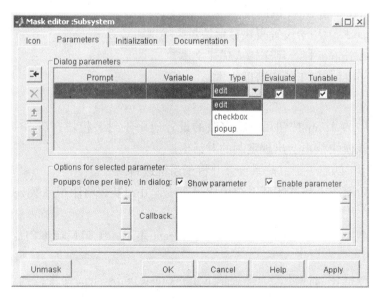

图 2-38　Parameters 选项卡

（1）Add、Delete、Move up 和 Move down 按钮：用于添加、删除、上移和下移输入变量。

（2）Dialog Parameters 栏：

■ Prompt：输入变量的含义，其内容会显示在输入提示中。

■ Variable：输入变量的名称。

■ Type：给用户提供设计编辑区的选择。Edit 提供一个编辑框；Checkbox 提供一个复选框；Popup 提供一个弹出式菜单。

■ Evaluate：用于配合 Type 的不同选项提供不同的变量值，有两个选项 Evaluate 和 Literal，其含义如表 2-6 所示。

表 2-6　选项的不同含义

Evaluate type	on	off
Edit	输入的文字是程序执行时所用的变量值	将输入的内容作为字符串
Checkbox	输出 1 和 0	输出为 on 或 off
Popup	将选择的序号作为数值，第一项则为 1	将选择的内容当作字符串

（3）Options for selected parameter 栏：

■ Popups：当 Type 选择 Popup 时，用于输入下拉菜单项。

■ Callback：用于输入回调函数。

4. Initialization 选项卡

Initialization 选项卡用于初始化封装子系统。

5. Documentation 选项卡

Documentation 选项卡用于编写与该封装模块对应的 Help 和说明文字，分别有 Mask type、Mask description 和 Mask help 栏。

（1）Mask type 栏：用于设置模块显示的封装类型。

（2）Mask description 栏：用于输入描述文本。

（3）Mask help 栏：用于输入帮助文本。

6. 按钮

封装对话框中的 Apply 按钮用于将修改的设置应用于封装模块；Unmask 按钮用于将封装撤销，则双击该模块就不会出现定制的对话框。

【实例 2-10】　创建一个二阶系统，并将子系统进行封装。

创建一个二阶系统，将其闭环系统构成子系统，并封装，将阻尼系数 zeta 和无阻尼频率 wn 作为输入参数。

（1）创建模型，并将系统的阻尼系数用变量 zeta 表示，无阻尼频率用变量 wn 表示，如图 2-39 所示。

（2）用虚线框框住反馈环，选择菜单 Edit→Create Subsystem 命令，则产生子系统，如图 2-40 所示。

（3）封装子系统，选择菜单 Edit→Mask subsystem 命令，出现封装对话框，将 zeta 和 wn 作为输入参数。

在 Icon 选项卡的 Drawing commands 栏中写文字并画曲线，命令如下：

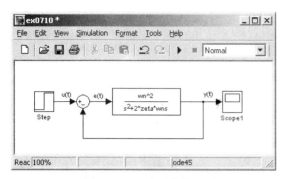

图 2-39　二阶系统模型

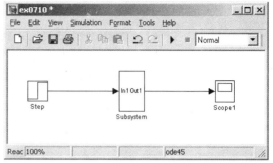

图 2-40　子系统模型

disp('二阶系统 ')

plot([0 1 2 3 10], $-\exp(-[0\ 1\ 2\ 3\ 10]))$

在 Parameters 选项卡中，单击 Add ⊡按钮添加两个输入参数，设置 Prompt 分别为 "阻尼系数" 和 "无阻尼振荡频率"，并设置 Type 栏分别为 popup 和 edit，对应的 Variable 为 zeta 和 wn，设置 Popups 为 "0 0.3 0.5 0.707 1 2"，如图 2-41 所示。

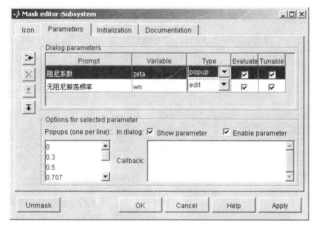

图 2-41　Parameters 选项卡

在 Initialization 选项卡中输入初始化参数，如图 2-42 所示

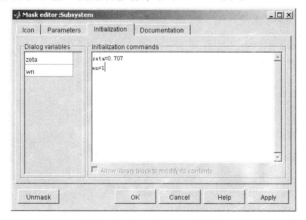

图 2-42　Initialization 选项卡

在 Documentation 选项卡中输入提示和帮助信息，如图 2-43 所示。

图 2-43　Documentation 选项卡

单击 OK 按钮，完成参数设置，然后双击该封装子系统，则出现图 2-44 所示的封装子系统，双击该子系统出现图 2-45 所示的参数设置对话框，在对话框中输入"阻尼系数"zeta 和"无阻尼振荡频率"wn 的值，再不需要为子系统中的每个模块分别进行参数设置。

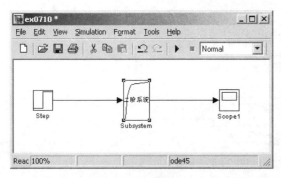

图 2-44　封装子系统外观

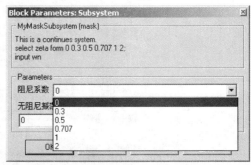

图 2-45　封装子系统参数设置对话框

第二篇　通信系统常用模块仿真

第❸章 模拟通信系统的建模仿真

3.1 基于 SystemView 的模拟线性调制系统仿真

3.1.1 AM 调幅仿真分析

1. 分析目的

（1）熟悉 SystemView 软件，了解各部分功能模块的操作和使用方法。

（2）通过实验进一步观察、了解模拟信号 AM 调制、解调原理。

（3）掌握 AM 调制信号的主要性能指标。

（4）比较、理解 AM 调制的相干解调和非相干解调原理。

2. 分析内容

用 SystemView 构造一个 AM 调制、解调系统，观察各模块输出波形，了解 AM 调制系统的调制、解调原理，理解相干解调和非相干解调的区别，掌握 AM 调制信号的主要性能指标，即带宽和功率谱。

3. 分析要求

（1）观察原始基带信号、已调信号、经过信道后加入噪声的已调信号以及解调信号的波形，理解 AM 调制系统的调制、解调原理。

（2）观察以上 4 种信号的功率谱密度，理解它们之间的区别，说明原因。

（3）观察以上 4 种信号的带宽，理解它们之间的区别，说明原因。

（4）调节噪声的大小，观察解调器输出波形的变化，说明原因。

（5）比较相干解调和非相干解调，理解门限效应。

4. 电路构成

AM 调制解调系统模型如图 3-1 所示。

模块说明：

Token 3：产生原始基带信号，即周期性正弦波（参数设置：幅度 = 1 V，频率 = 10 Hz）。

Token 1：AM 调制器（参数设置：专业库中选择 Comm—Modulators—DSB—AM，幅度 = 1 V，频率 = 1 000 Hz）。

Token 5：加法器。

Token 6：产生高斯白噪声（参数设置：Source—Gauss Noise，Std = 0.1 V，Mean = 0 V）。

Token 8：乘法器。

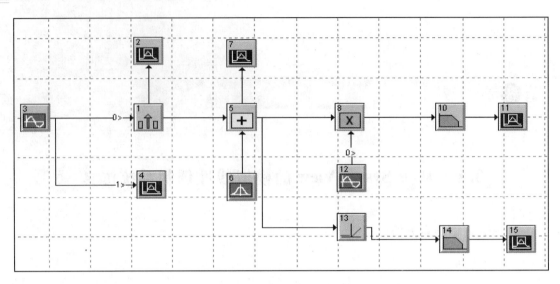

图 3-1　AM 调制解调系统模型

Token 12：产生载波信号，即周期性正弦波（参数设置：幅度 = 1 V，频率 = 1 000 Hz）。

Token 10、14：产生低通滤波器（参数设置：Operator—Filters/Systems—Linear SysFilters，选择 Analog—Butterworth、Lowpass—Lowcutoff = 50 Hz）。

Token 13：产生半波整流器（参数设置：Function—Non Linear—Half Rctfy）。

Token 2、4、7、11、15：产生示波器。

系统定时设置：Start Time 设为 0 s，Stop Time 设为 0.6 s，Sample Rate 设为 10 000 Hz。

5. 仿真结果

（1）原始基带信号波形如图 3-2 所示。

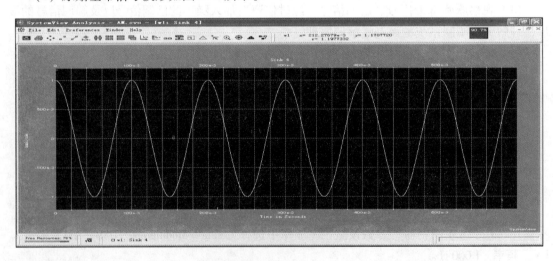

图 3-2　原始基带信号波形

（2）AM 调制后输出波形如图 3-3 所示。

（3）经过信道后加入噪声的波形如图 3-4 所示。

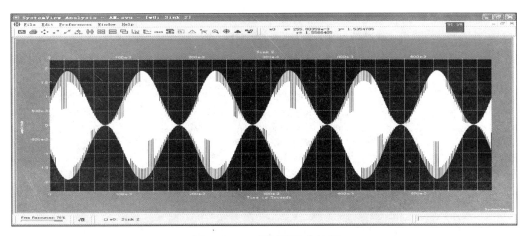

图 3-3　AM 调制后输出波形

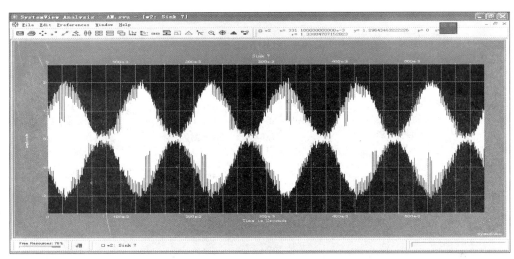

图 3-4　加入噪声的波形

（4）经过相干解调后低通滤波器输出波形如图 3-5 所示。

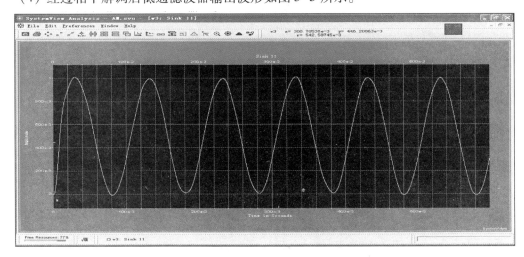

图 3-5　相干解调后低通滤波器输出波形

（5）经过包络解调后低通滤波器输出波形如图 3-6 所示。

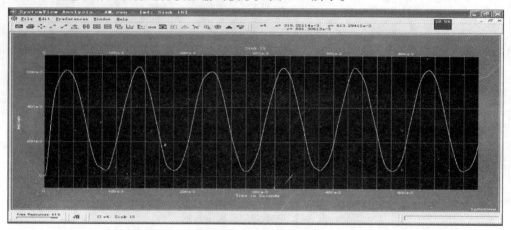

图 3-6　包络解调后低通滤波器输出波形

（6）原始基带信号功率谱如图 3-7 所示。

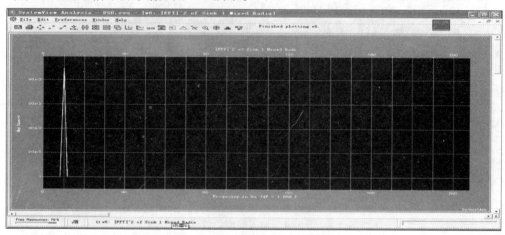

图 3-7　原始基带信号功率谱

（7）AM 调制信号功率谱如图 3-8 所示。

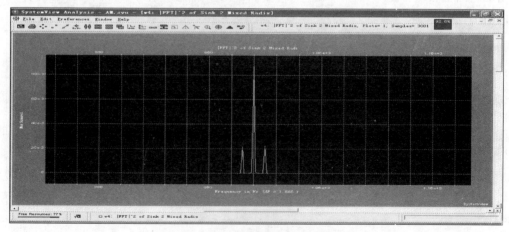

图 3-8　AM 调制信号功率谱

（8）经过相干解调后输出信号功率谱如图 3-9 所示。

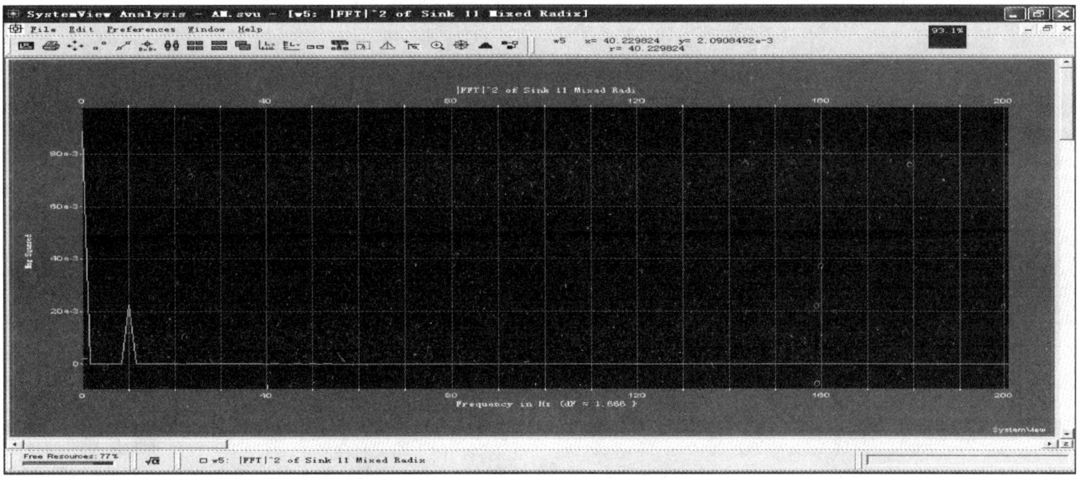

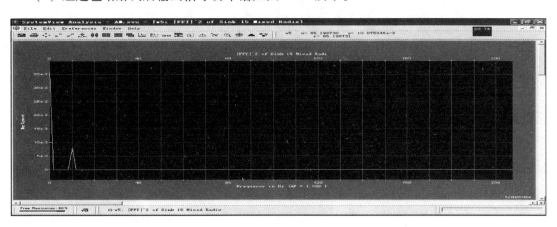

图 3-9　相干解调后输出信号功率谱

（9）经过包络解调后输出信号功率谱如图 3-10 所示。

图 3-10　包络解调后输出信号功率谱

6. 仿真结果分析

（1）AM 调制信号带宽是原始基带信号带宽的 2 倍。

（2）AM 调制信号的功率谱是原始基带信号的功率谱在载频上的频谱搬移，并且在载频处有冲击响应。

（3）经过相干解调后，获得的解调信号功率谱在零点处有冲击响应，原因为 AM 调制中加入了直流。

（4）随着噪声信号的加强，解调端信号的失真度越来越大，例如加入均值为 0、方差为 1 的高斯白噪声后，信道输出的波形如图 3-11 所示。经过相干解调后，低通滤波器输出波形如图 3-12 所示。

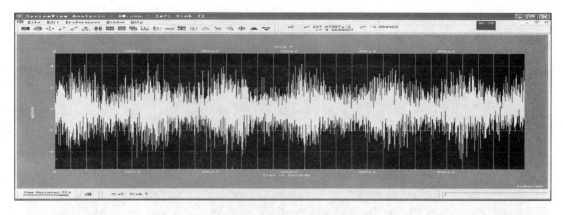

图 3-11　加入均值为 0、方差为 1 的高斯白噪声后，信道输出波形

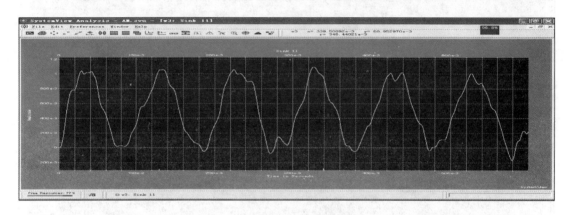

图 3-12　加入均值为 0、方差为 1 的高斯白噪声后，相干解调输出波形

（5）在大信噪比情况下，相干解调输出波形与包络解调输出波形相似，波形失真较小；而在小信噪比情况下，包络解调输出波形失真较大，噪声影响大，当噪声大到一定程度时，会引起门限效应。

图 3-13 为信道中加入均值为 0、方差为 1 的高斯白噪声后，经过包络解调后低通滤波器输出波形，与相干解调输出波形图 3-12 进行比较，可以明显看出，包络解调失真较大。

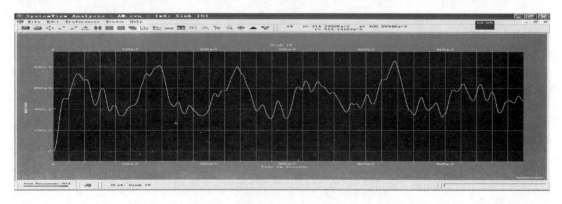

图 3-13　加入均值为 0、方差为 1 的高斯白噪声后，包络解调输出波形

3.1.2　SSB 调制仿真分析

1. 分析目的

（1）熟悉使用 SystemView 软件，了解各部分功能模块的操作和使用方法。

（2）通过实验进一步观察、了解模拟信号单边带（SSB）调制、解调原理。

（3）掌握 SSB 调制信号的主要性能指标。

（4）理解 SSB 调制的相干解调原理。

2. 分析内容

用 SystemView 构造一个 SSB 调制、解调系统，观察各模块输出波形，了解 SSB 调制、解调原理，掌握 SSB 调制信号的主要性能指标，即带宽和功率谱。

3. 电路构成

SSB 调制解调系统模型如图 3-14 所示。

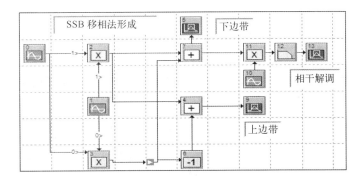

图 3-14　SSB 调制解调系统模型

模块说明：

Token 0：产生原始基带信号，即周期性正弦波（参数设置：幅度 =0.5 V，频率 =300 Hz）。

Token 1：产生载波信号，即周期性正弦波（参数设置：幅度 =1 V，频率 =2 000 Hz）。

Token 2、3、11：乘法器。

Token 4、7：加法器。

Token 10：产生相干解调所需的相干载波，即周期性正弦波（幅度 =1 V，频率 =2 000 Hz）。

Token 12：产生低通滤波器（参数设置：Operator—Filters/Systems—Linear SysFilters 选择 Analog—Butterworth、Lowpass—Lowcutoff =300 Hz）。

Token 5、9、13：产生示波器。

系统定时设置：Start Time 设为 0 s，Stop Time 设为 0.025 5 s，Sample Rate 设为 10 000 Hz。

4. 仿真结果

（1）SSB 调制后的下边带信号如图 3-15 所示。

（2）SSB 调制后的上边带信号如图 3-16 所示。

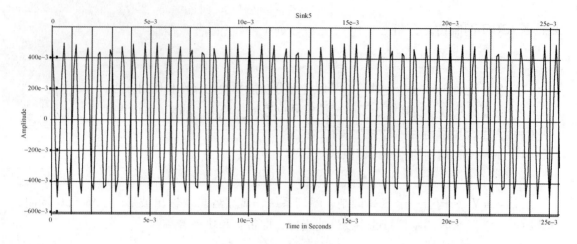

图 3-15 SSB 调制后的下边带信号

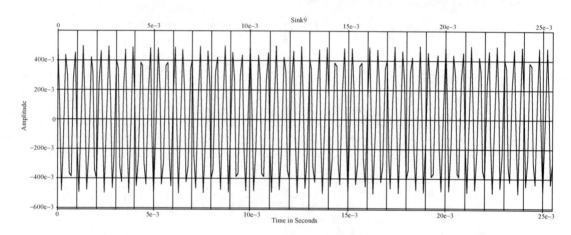

图 3-16 SSB 调制后的上边带信号

（3）SSB 相干解调后的基带信号如图 3-17 所示。

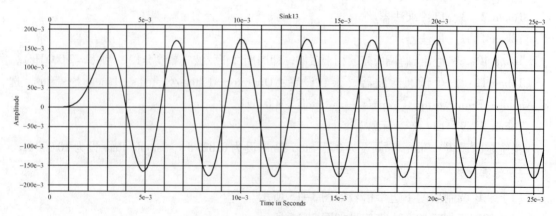

图 3-17 SSB 相干解调后的基带信号

（4）SSB 调制后上边带信号的功率谱如图 3-18 所示。

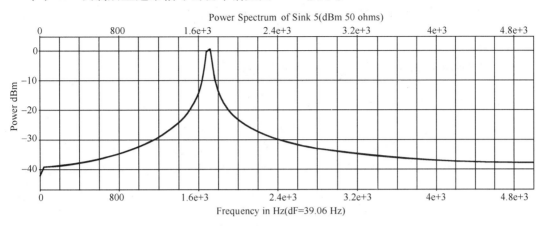

图 3-18　SSB 调制后上边带信号功率谱

（5）SSB 调制后下边带信号的功率谱如图 3-19 所示。

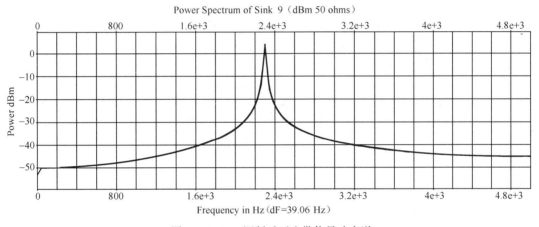

图 3-19　SSB 调制后下边带信号功率谱

（6）上、下边带信号的功率谱如图 3-20 所示。

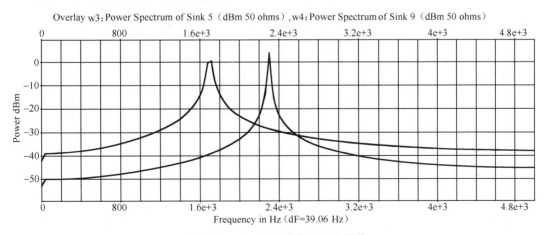

图 3-20　上、下边带信号的功率谱

3.2　基于 MATLAB/Simulink 的模拟通信系统仿真

3.2.1　调幅的包络检波与相干解调性能仿真比较

根据通信理论，以解调输出信噪比衡量的同步相干解调性能总是优于包络检波性能。在输入高信噪比条件下，包络检波接近同步相干解调的性能，而随着输入信噪比逐渐降低，包络检波性能也逐渐变坏，当输入信噪比下降到某一值时，包络检波输出信噪比将急剧下降，这种现象称为包络检波的门限效应。下面的实例通过仿真来验证包络检波的门限效应，并在给定解调器输入信噪比条件下，对比包络检波和同步相干解调的输出信噪比性能。

【实例 3-1】　以中波调幅广播传输系统仿真模型为传输模型，在不同输入信噪比条件下仿真测量包络检波解调和同步相干解调对调幅波的解调输出信噪比，观察包络检波解调的门限效应。

图 3-21 所示的仿真模型用于测量包络检波的门限效应，发送的调幅波参数中基带信号为幅度是 0.3 V 的 1 000 Hz 正弦波，由 Signal Generator 模块产生，载波为幅度是 1 V 的 1 MHz 正弦波，用加法器和乘法器实现调幅，Random Number 模型产生零均值方差为 3.494 5 的噪声样值序列，并用加法器实现 AWGN 信道。

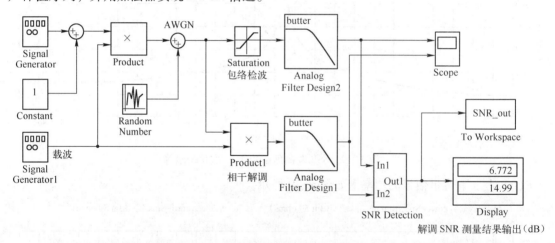

图 3-21　包络检波和相干解调性能测试仿真模型以及噪声方差为 1 时的仿真结果

首先调幅信号通过 AWGN 信道后，分别送入包络检波器和同步相干解调器。包络检波器由 Saturation 模块来模拟具有单向导通性能的检波二极管，Saturation 模块的上下门限分别设置为 inf 和 0，同步相干解调所使用的载波是理想的，直接从发送端载波引入。两解调器后所接的低通滤波器相同，例如设置为截止频率为 6 kHz 的 2 阶低通滤波器，滤波器输出后送入示波器显示，同时送入信噪比测试模块，即图中的子系统 SNR Detection，其内部结构如图 3-22 所示。

图 3-22 模块中，输入的两路解调信号通过滤波器将信号和噪声近似分离，以分别计算信号和噪声的功率，进而计算信噪比。两个带通滤波器参数相同，选择 2 阶 Butterworth 滤波

器，其中心频率为 1 000 Hz，带宽为 200 Hz，对应于发送基带测试信号频率，其输出近似视为纯信号分量；两个带阻滤波器参数也相同，其中心频率为 1 000 Hz，带宽为 200 Hz，输出可近似视为信号中的噪声分量。之后通过零阶保持模块 Zero－Order Hold 将信号离散化，Sample Time 设置为 6.23e－8，再由 Buffer 模块和方差模块 Variance 计算出信号和噪声的功率，Buffer 缓冲区长度设置为 1.605 1e＋5 个样值，这样将在 0.01 s 内进行一次统计计算。最后，由分贝转换模块 dB Conversion 和 Fcn 函数模块计算出两解调器的输出信噪比。计算输出采用 Display 显示的同时，也送入工作空间，以便编程作出解调性能曲线，To Workspace 模块设置为只将最后一次仿真结果以数组格式送入工作空间，变量名为 SNR_out，含有两个元素，即两个解调输出信号的检测信噪比。当设置信道噪声方差为 1 时（在 Matlab 工作空间中用"sigma2 ＝1"来设置），执行仿真所得到的解调信号波形如图 3－23 所示，可以看出，相干解调输出波形中噪声成分相对要小一些。

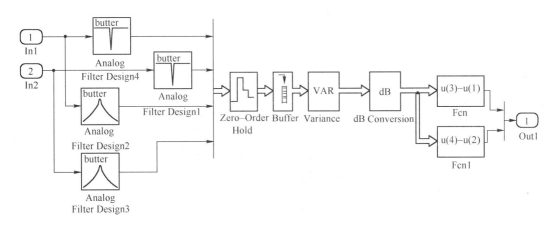

图 3－22　解调输出信噪比近似测量子系统 SNR Detection 的内部结构

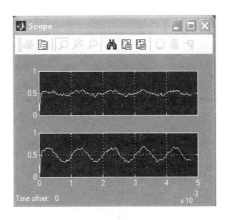

图 3－23　噪声方差为 1 时的解调信号波形仿真结果

为了得出解调性能曲线，可编写脚本程序，在若干信道信噪比条件下执行仿真并记录结果，最后绘出性能曲线。脚本程序如下：

〔**程序代码**〕

```
SNR_in_dB = -10:2:30;
SNR_in = 10.^(SNR_in_dB./10);        % 信道信噪比
m_a = 0.3;                           % 调制度
P = 0.5 + (m_a^2)/4;                 % 信号功率
for k = 1:length(SNR_in)
    sigma2 = P/SNR_in(k);            % 计算信道噪声方差并送入仿真模型
    sim('ch5example2.mdl');          % 执行仿真
    SNRdemod(k,:) = SNR_out;         % 记录仿真结果
end
plot(SNR_in_dB, SNRdemod);
xlabel('输入信噪比 dB');
ylabel('解调输出信噪比 dB');
legend('包络检波 ','相干解调 ');
```

执行程序之后，得出仿真结果如图 3-24 所示，图中给出了不同输入信噪比下两种解调器输出的信噪比曲线。从图中可见，高输入信噪比情况下，相干解调方法下的输出解调信噪比大致比包络检波法好 3 dB 左右，但是在低输入信噪比情况下，包络检波输出信号质量急剧下降，这样我们就通过仿真验证了包络检波的门限效应。

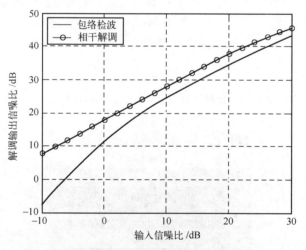

图 3-24　包络检波和相干解调的输出信噪比性能

3.2.2　频分复用和超外差接收机的仿真模型

在超外差式结构的接收机中，从天线接收的弱信号总是通过变频器转换为统一频率的中频信号，然后进行中频放大和处理，接着把达到解调电平要求的中频放大输出信号送入解调器还原为基带信号。超外差式接收机是对单一频率段的中频信号进行处理，所以其放大器和滤波器的品质可以做得很高，而且放大和滤波性能不随传输载波频率变化而变化。由于这些优点，现代通信接收机大多采用超外差式结构，在一些要求更高的通信接收机中，还采用多

级混频的超外差式结构，将信号依次转换到不同的中频上进行处理，以进一步提高对信号的选择性和干扰抑制能力。

下面的实例仿真了一台超外差式中波收音机的信号处理过程，其中以不同载波频率同时传输了两路不同的调幅信号，以模拟频分复用方式传输多路信号的原理。接收机可通过设置不同的本机振荡频率来选择接收其中某一路信号。

【实例 3-2】　调幅中波收音机的接收频率段为 550 kHz 到 1 605 kHz，中频为 465 kHz。调幅传输模型以中波调幅广播传输系统仿真模型为传输模型，试对超外差式中波收音机建模，要求接收频率范围可调。

根据题设要求建立的模型如图 3-25 所示。其中将两个调幅发射机封装为子系统模型，载波分别为 1 000 kHz 和 1 200 kHz，被调基带信号分别为 1 000 Hz 的正弦波和 500 Hz 的方波，幅值为 0.3 V，为了模拟接收机距离两发射机距离不同引起的传输衰减，分别以 Gain 1、Gain 2 模块对传输信号进行衰减，最后在信道中加入白噪声并送入接收机，为简化接收机模型中没有设计输入选频滤波器和高频放大器，天线接收信号直接送入混频器进行混频，混频所使用的本机振荡信号由压控振荡器产生，其振荡频率始终比接收信号频率高一个中频频率，这样，接收信号与本机振荡在混频器 Product 模块中进行相乘运算后，其差频信号成分的频率就是中频频率，通过中频带通滤波器 Analog Filter Design 1 选出，然后由中频放大器 Gain 进行中频放大，放大后的中频信号再次经过 Analog Filter Design 2 进行中频滤波后送入包络检波器解调，并通过低通滤波器滤除中频分量，Gain 3 模块用来模拟接收机中的基带信号放大功能，示波器用来对比观察解调前后的信号。

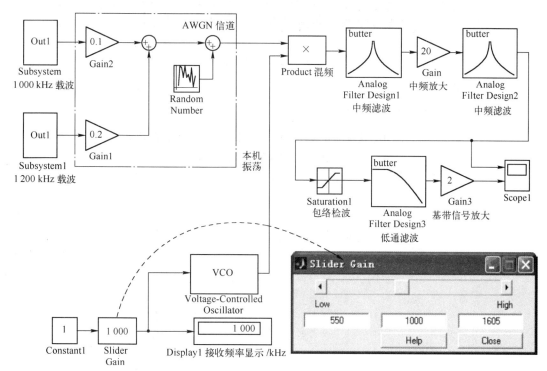

图 3-25　超外差式中波收音机模型

模型中中频滤波器设置为 2 阶带通滤波器，中心频率为中频 465 kHz，带宽为 12 kHz，检波后的低通滤波器可设置为 1 阶的，截止频率为 6 kHz，压控振荡器的中心频率设置为中频 465 kHz，压控灵敏度设置为 1 kHz/V，这样压控振荡器输出频率将等于中频频率值与压控端输入值之和，例如，当压控输入值为 1 000 时，压控振荡器将输出 1 465 kHz 频率的正弦波，这样正好可接收载波频率为 1 000 kHz 的调幅信号，所以压控输入端的值就是接收机所要接收的信号频率，模型中用 Slide Gain 作为滑块增益调整，在仿真中双击该模块可"实时"地调整设置的接收频率，以观察接收机输出变化。

图 3-26 分别给出了示波器显示的对两发射信号的接收仿真波形，其中信道噪声方差设置为 0.01，仿真步进为 6.23e − 8 s，接收机对任何信号的传输增益都保持不变，而信道对 1 200 kHz 电台的衰减减少，所以其解调输出幅度相应也较高。

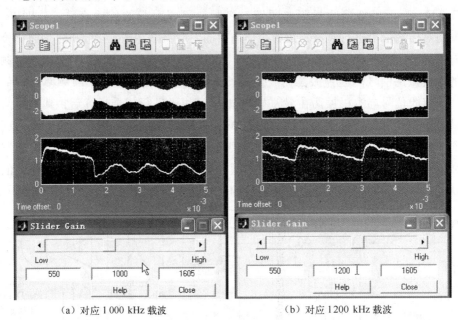

（a）对应 1 000 kHz 载波　　　　　　　　（b）对应 1 200 kHz 载波

图 3-26　超外差接收机分别对 1 000 kHz 和 1 200 kHz 载波的调幅电台
信号的中频输出波形的解调结果

第 4 章　数字基带通信系统的建模仿真

4.1　基于 SystemView 的数字基带传输系统仿真

4.1.1　基带传输基本码型分析

1. 分析目的

（1）熟悉使用 SystemView 软件，了解各部分功能模块的操作和使用方法。

（2）通过仿真进一步观察了解各种数字基带信号的功率谱密度和带宽，并对它们进行比较说明。

2. 分析内容

用 SystemView 构造一个数字基带信号产生电路，使其能够产生三种码型信号：单极性不归零码、单极性归零码（占空比为 50%）和双极性归零码（占空比为 50%）。

3. 分析要求

（1）观察单极性不归零码、单极性归零码和双极性归零码这三种码型在波形上的表现形式分别是什么，它们的特点分别是什么？

（2）三种波形表示的原始码元是什么？

（3）观察比较单极性不归零码、单极性归零码和双极性归零码的带宽，并说明它们之间的区别。

（4）观察比较单极性不归零码、单极性归零码和双极性归零码的功率谱，并说明它们之间的区别。

（5）比较哪一种码型可以提取同步分量，说明原因，同步分量为多少？

4. 电路构成

数字基带信号产生电路仿真模型如图 4-1 所示。

模块说明：

Sink 10：产生原始基准信号，即周期性矩形脉冲。

Sink 3：产生单极性不归零码。

Sink 5：产生单极性归零码（占空比为 50%）。

Sink 4：产生双极性归零码（占空比为 50%，注：不是真正的双极性归零码）。

参数设置：

Token 0：Source—Noise/PN—Pn Seg（幅值 1 V，频率 50 Hz，电平数 2，偏移 1 V，产生单极性不归零码，随机产生）。

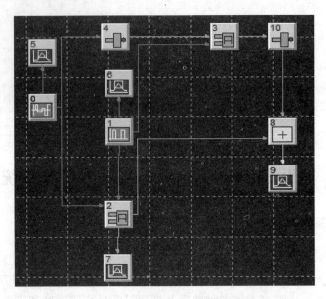

图 4-1 数字基带信号产生电路仿真模型

Token 1：Source—Periodic—Pulse Train（幅值 1 V，频率 50 Hz，脉冲宽度 10e - 3，单击 Square wave 将占空比设为 50%，产生周期性矩形脉冲，占空比为 50%，是产生双极性归零码和单极性归零码的基础）。（单击 Square wave 使得 Offset = - 0.5，或者不单击 Square wave，直接设 Offset = 0 也可以）。

Token 2，7：Operator—Logical—And（单极性不归零码和周期性矩形脉冲经过 And 门相与后，得到单极性归零码，占空比为 50%）。

Token 6，8：Operator—Logical—Not（通过非门和与门可以得到双极性归零码，占空比为 50%）。

系统定时设置：Start Time 设为 0 s，Stop Time 设为 0.5 s，Sample Rate 设为 10 000 Hz。

5. 仿真波形

（1）单极性不归零码波形（Token0，Sink5）如图 4-2 所示。

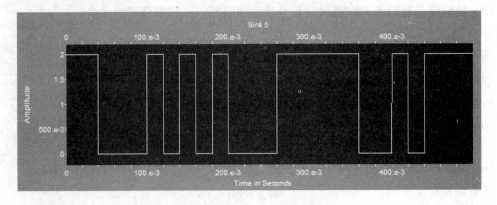

图 4-2 单极性不归零码波形

（2）单极性归零码波形（占空比 50%）如图 4-3 所示。

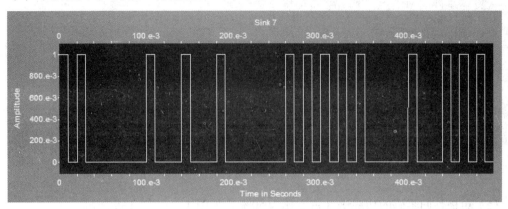

图 4-3　单极性归零码波形

（3）双极性归零码波形（占空比 50%）如图 4-4 所示。

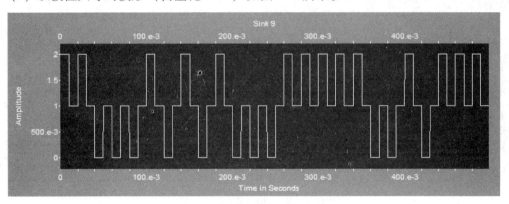

图 4-4　双极性归零码波形

注意，这里不是真正的双极性归零码波形，而是一种近似双极性的波形，原因是该波形中 "1" 和 "0" 码不是用正负电平表示，而是用 2 和 0 电平表示，因此在功率谱上不能真正体现双极性归零码的特点。

（4）单极性不归零码的功率谱如图 4-5 和图 4-6 所示。

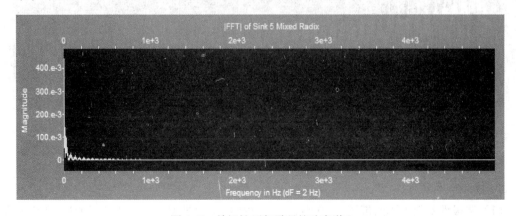

图 4-5　单极性不归零码的功率谱 1

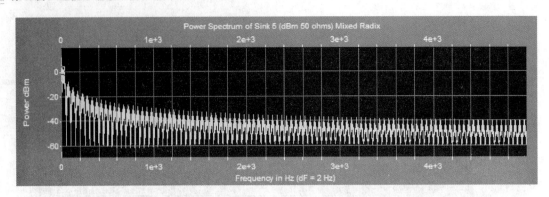

图 4-6 单极性不归零码的功率谱 2

（5）单极性归零码的功率谱（占空比为 50%）如图 4-7 和图 4-8 所示。

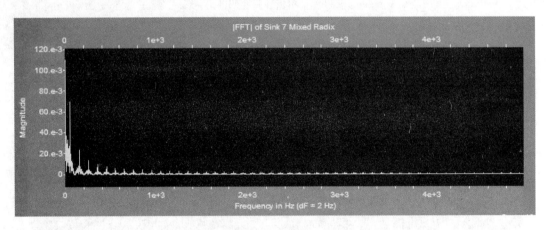

图 4-7 单极性归零码的功率谱 1

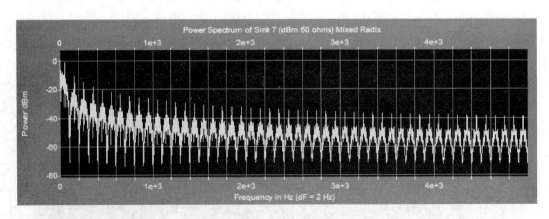

图 4-8 单极性归零码的功率谱 2

（6）双极性归零码的功率谱（占空比为 50%）如图 4-9 和图 4-10 所示。

6. 仿真结果分析

（1）单极性不归零码的带宽为 50 Hz，零点频率依次为 50 Hz、100 Hz、150 Hz、200 Hz 等。

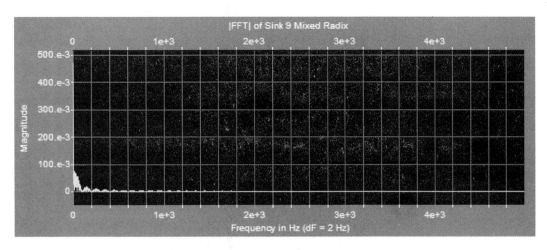

图 4-9　双极性归零码的功率谱 1

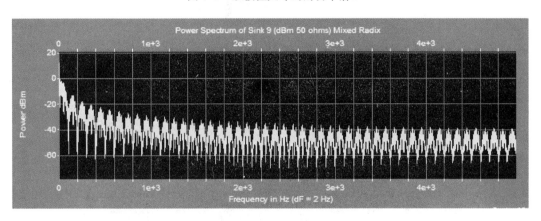

图 4-10　双极性归零码的功率谱 2

（2）单极性归零码和双极性归零码的带宽为 100 Hz，零点频率依次为 100 Hz，200 Hz，300 Hz 等。

（3）单极性归零码中有同步信号，即 $f = 50$ Hz 处有冲激响应，并且在 $f = 150$ Hz，250 Hz，350 Hz 等处也有冲激响应，而单极性不归零码和双极性归零码中没有同步信号。

① 单极性不归零码只在 $f = 0$ 处有一个冲激响应。

② 双极性归零码没有离散频率分量，只有连续谱。

7. 补充实例

用 SystemView 设计的双极性归零码波形仿真电路如图 4-11 所示。

模块说明：

Sink 3：产生双极性归零码，占空比为 50%。

Token 0：Source—Noise/PN—PN Seg（振幅 = 1 V，频率 = 50 Hz，电平数 = 2，Offset = 0 V）。

Token 1：Source—Periodic—Pulse Train（振幅 = 1 V，频率 = 50 Hz，脉冲宽度 = 0.01，Offset = 0 V）。

系统定时设置：Start Time 设为 0 s，Stop Time 设为 0.5 s，Sample Rate：10 000 Hz。

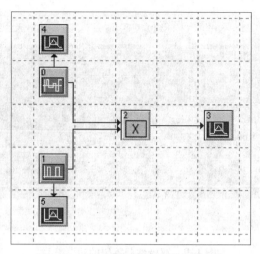

图 4-11　双极性归零码波形仿真电路

双极性归零码波形如图 4-12 所示。

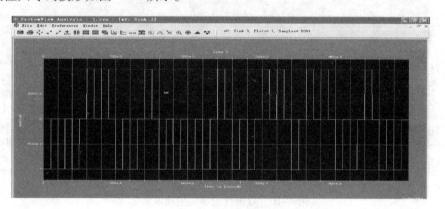

图 4-12　双极性归零码波形

双极性归零码功率谱密度如图 4-13 所示。

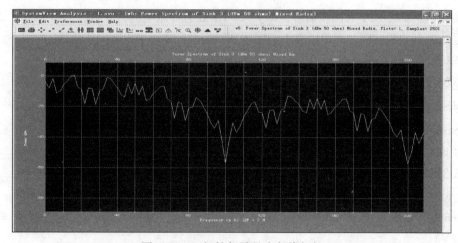

图 4-13　双极性归零码功率谱密度

由图可以看出，双极性归零码的第一个零点频率为 100 Hz，所以带宽为 100 Hz，功率谱中没有离散谱（包括 $f=0$ Hz，$f=50$ Hz 处），只有连续谱。

4.1.2 二进制差分编码/译码器设计

1. 分析目的

通过分析理解差分编码/译码器的基本工作原理。

2. 分析内容

创建一对二进制差分编码/译码器，以 PN 码作为二进制绝对码，码速率 $R_b = 100$ bit/s。分别观测绝对码序列、差分编码序列、差分译码序列，并观察差分编码是如何克服绝对码全部反相的，以便为分析 2DPSK 原理做铺垫。

3. 系统组成及原理

二进制差分编码器和译码器组成如图 4-14 所示，其中：$\{a_n\}$ 为二进制绝对码序列，$\{d_n\}$ 为差分编码序列，D 触发器用于将序列延迟一个码元间隔，在 SystemView 中此延迟环节一般可不使用 D 触发器，而是使用操作库中的"延迟图符块"。

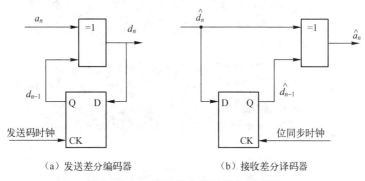

（a）发送差分编码器　　　　（b）接收差分译码器

图 4-14　二进制差分编码器和译码器

4. 创建分析

第 1 步：进入 SystemView 系统视窗，设置"时间窗"参数如下所示。

① 运行时间：Start Time 设为 0 s；Stop Time 设为 0.3 s；

② 采样频率：Sample Rate = 10 000 Hz。

第 2 步：首先创建如图 4-15 所示的仿真分析系统，主要图符块参数在图中已列出。其中，Token1 和 Token 4 都是来自操作库的"数字采样延迟块"，由于系统的采样频率为 10 000 Hz，绝对码时钟频率为 100 Hz，故延迟一个码元间隔需 100 个系统采样时钟。

第 3 步：观察编、译码结果。在分析窗下，差分编码输入（绝对码）、差分编码输出及差分译码输出序列分别由 Sink 7、8、9 给出，如图 4-16 所示。

第 4 步：得到仿真结果后，将差分编码器与差分译码器之间插入一个非门（NOT），再看仿真结果。可以观察到，差分编码和译码方式可以克服编码输出序列的全反相，差分译码序列与不反相的相同。充分理解了这一原理，就能很快理解 2DPSK 是如何解决载波 180°相位模糊问题，同时将有助于读者自行创建包含差分编码与译码的 2DPSK 系统。

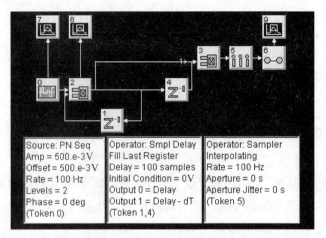

图 4-15 差分编码/译码器仿真分析系统

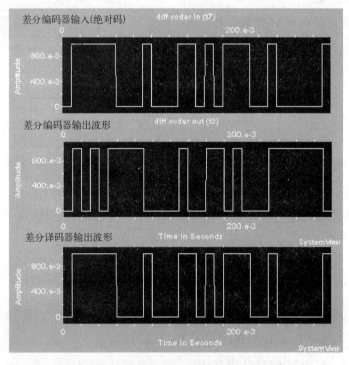

图 4-16 二进制差分编码/译码仿真输出波形

4.1.3 简单基带传输系统的建模与仿真以及眼图分析

1. 分析目的

掌握观察系统时域波形，特别是眼图的操作方法。

2. 分析内容

构造一个简单示意性基带传输系统。以双极性 PN 码发生器模拟一个数据信源，码速率为 100 bit/s，低通型信道噪声为加性高斯噪声（标准差 = 0.3 V）。要求：

（1）观测接收输入和滤波输出的时域波形；

（2）观测接收滤波器输出的眼图。

3. 系统组成及原理

简单的基带传输系统原理框图如图4-17所示，该系统并不是无码间干扰设计的，为使基带信号能量更为集中，形成滤波器采用高斯滤波器。

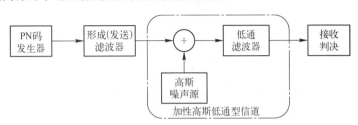

图4-17　简单基带传输系统组成框图

4. 创建分析

第1步：进入SystemView系统视窗，设置"时间窗"参数如下所示。

① 运行时间：Start Time设为0 s；Stop Time设为0.5 s。

② 采样频率：Sample Rate设为10 000 Hz。

第2步：调用图符块创建如图4-18所示的仿真分析系统。

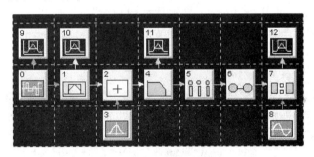

图4-18　创建的简单基带传输仿真分析系统

系统中各图符块的设置如表4-1所示。

表4-1　图符块设置

编号	图符块属性（Attribute）	类型（Type）	参数设置（Parameters）
0	Source	PN Seq	Amp = 1 V，Offset = 0 V，Rate = 100 Hz，Levels = 2，Phase = 0 deg
1	Comm	Pulse Shape	Gaussian，Time Offset = 0 sec，Pulse Width = 0.01 sec，Std Dev = 0.001 V
2	Adder	—	—
3	Source	Gauss Noise	Std Dev = 0.3 V，Mean = 0 V
4	Operator	Linear Sys	Butterworth Lowpass IIR，5 Poles，Fc = 200 Hz
5	Operator	Sampler	Interpolating，Rate = 100 Hz，Aperture = 0 sec，Aperture Jitter = 0 sec
6	Operator	Hold	Last Value，Gain = 2，Out Rate = 10e + 3 Hz

续表

编号	图符块属性 （Attribute）	类型 （Type）	参数设置（Parameters）
7	Operator	Compare	Comparison = ' > = ', True Output = 1 V, False Output = 0 V, A input = t6 Output0, B input = t8 Output0
8	Source	Sinusoid	Amp = 0 V, Freq = 0 Hz, Phase = 0 deg
9	Sink	Analysis	Input from t0 Output Port0
10	Sink	Analysis	Input from t1 Output Port0
11	Sink	Analysis	Input from t4 Output Port0
12	Sink	Analysis	Input from t7 Output Port0

其中，Token 1 为高斯脉冲形成滤波器；Token 3 为高斯噪声产生器，设标准偏差 Std Deviation = 0.3 V，均值 Mean = 0 V；Token 4 为模拟低通滤波器，选择操作库中的 LinearSys 图符，在设置参数时，将出现一个设置对话框，在 Design 栏中单击 Analog 按钮，进一步单击 Filter PassBand 栏中 Lowpass 按钮，选择 Butterworth 型滤波器，设置滤波器极点数目：No. of Poles = 5（5 阶），设置滤波器截止频率：LoCuttoff = 200 Hz。

第 3 步：单击"运行"按钮，运算结束后单击"分析窗"按钮，进入分析窗后，单击"绘制新图"按钮，则 Sink 9 ～ Sink 12 显示活动窗口分别显示出"PN 码输出"、"信道输入"、"信道输出"和"判决比较输出"时域波形，如图 4-19 所示。

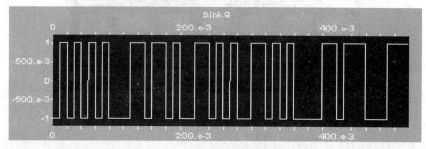

（a）信源PN码输出波形

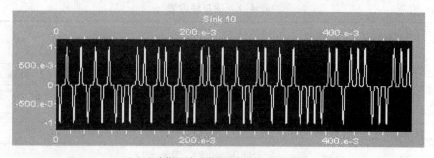

（b）经高斯脉冲形成滤波器后的码序列波形

图 4-19 仿真输出时域波形

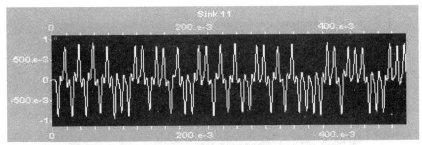

（c）信道输出的接收波形

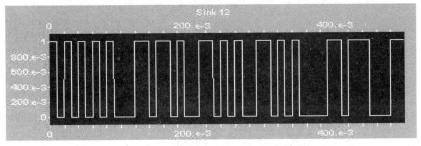

（d）判决比较输出波形

图 4-19　仿真输出时域波形（续）

第 4 步：观察信源 PN 码和波形形成器输出的功率谱。通过两个信号的功率谱可以看出，波形形成后的信号功率谱主要集中在低频端，能量相对集中，而 PN 码的功率谱主瓣外的分量较大。在分析窗下，单击信宿计算器按钮，在出现的 System Sink Calculator 对话框中单击 Spectrum 按钮，分别得到 Sink 9 和 Sink 10 的功率谱窗口（w4：和 w5：）后，可将这两个功率谱合成在同一个窗口中进行对比，具体操作为：在 System Sink Calculator 对话框中单击 Operators 按钮和 Overlay Plots 按钮，在右侧窗口内选中"w4：Power Spectrum of Sink 9"和"w5：Power Spectrum of Sink 10"信息条，使之变成反白显示，最后单击 OK 按钮即可显示出对比功率谱，如图 4-20 所示。

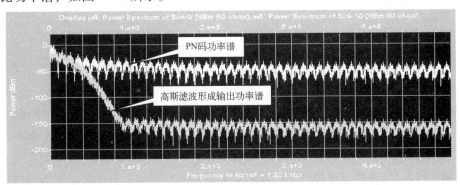

图 4-20　PN 码和波形形成器输出功率谱对比

第 5 步：观察信道输入和输出信号眼图。眼图是衡量基带传输系统性能的重要实验手段，当屏幕上出现波形显示活动窗口（w1：Sink10 和 w2：Sink11）后，单击 System Sink Calculator 对话框中的 Style 和 Slice 按钮，设置好 Start[sec] 和 Length[sec] 栏内参数后单击该对话框内的 OK 按钮即可，两个眼图如图 4-21 所示。

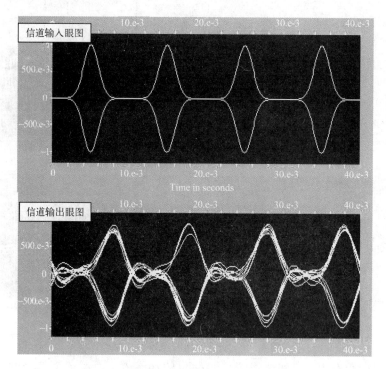

图 4-21　信道输入和输出信号眼图

从上述眼图可以看出，经高斯滤波器形成处理后的基带信号远比 PN 码信号平滑，信号能量主要集中于 10 倍码率以内，经低通型信道后信号能量损失相对小一些。由于信道的不理想和叠加噪声的影响，信道输出眼图将比输入的差些，改变信道特性和噪声强度，眼图会发生明显变化，甚至产生明显的接收误码。

4.2　基于 MATLAB/Simulink 的数字基带传输系统仿真

4.2.1　基带传输码型设计

1. 二电平码

通常二电平码的基带传输波形是矩形脉冲，只具有两种电平，如果在整个码元内电平保持不变，称为不归零码，否则称为归零码，如果用大小相等的正负电平表示 1 和 0，称为双极性码，如果用某个非零电平和一个零电平表示 1 和 0，称为单极性码。

【实例 4-1】　仿真得出单极性不归零码、双极性不归零码以及单极性归零码的波形。

仿真模型如图 4-22 所示，其中单极性到双极性的变换用通信模块库中的 Unipolar to Bipolar Converter 实现，此处也可以用门限为 0.5 的 Relay 模块实现。归零码是不归零码和时钟相乘得出的。反之，由归零到不归零码的转换可采用保持器完成，模型中以触发子系统 Triggered Subsystem 实现。信源输出码元时间间隔为 1 s，仿真采样时间间隔为 0.1 s，这样可以在时钟周期的 1/10 精度上进行仿真，设要求的归零码占空比为 40%，则时钟脉冲应设置为脉宽为 4 个样值期间，周期为 10 个样值期间。

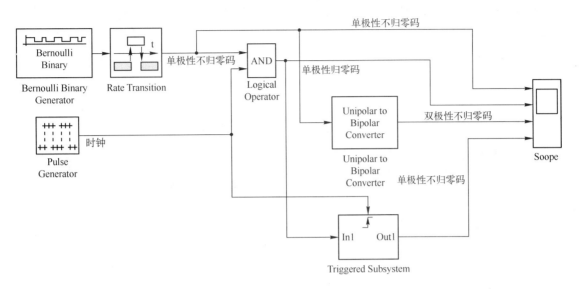

图 4-22　传输码型变换模型

仿真结果波形如图 4-23 所示。

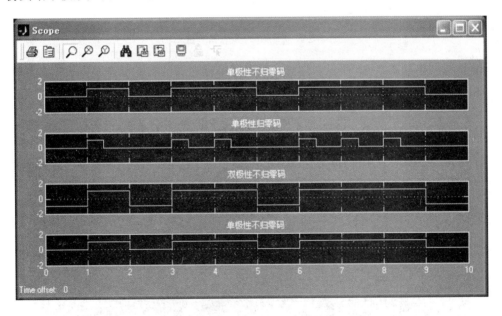

图 4-23　传输码型变换仿真结果

【实例 4-2】　仿真得出单极性传号差分码、空号差分码的波形，并给出其转换方法。

在差分编码中，以在传输时间开始处的电平跳变与否来表示二进制符号 "1" 或 "0"，这样，信息携带在电平的相对变化上，可解决传输中产生相位模糊（即传输中可能产生电平翻转）的问题。

如果以传输时间开始处电平跳变来表示"1"，电平不跳变来表示"0"，则称为传号差分码；反之，若以电平不跳变来表示"1"，电平跳变来表示"0"，则称为空号差分码。差分码是一种有记忆编码。实际中常以 D 触发器和异或门组成的电路来实现差分编码。测试模型如图 4-24 所示，图中给出了单极性传号差分码、空号差分码的编码和解码方案。

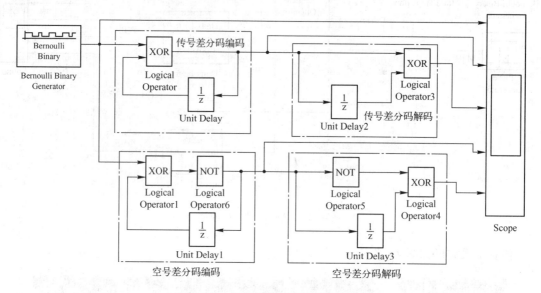

图 4-24　差分码的编解码测试模型

仿真执行结果如图 4-25 所示，注意，编码器中延迟器的初始状态不同会引起编码输出信号的相位反转。

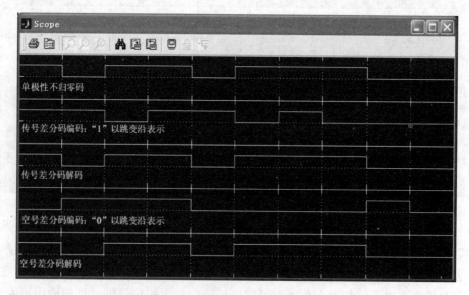

图 4-25　传输码型变换仿真结果

【**实例 4-3**】　仿真数字双相码（曼彻斯特码）、密勒码（延迟调制码）以及传号反转码（CMI 码）编码输出波形。

数字双相码在一个码元传输时间间隔内用两位双极性不归零脉冲表示"1"和"0"。即用"+1，-1"表示"1"，用"-1，+1"表示"0"，"-1，-1"和"+1，+1"为禁用码。

用数字双相码的下降沿触发一个双稳态电路（即二进计数器）即可得出密勒码。密勒码的编码规律是，"1"用码元传输时间间隔中点出现波形跳变来表示，"0"则分两种情况：出现单个"0"时在码元间隔中点不出现跳变，连"0"时则在两个"0"的分界点处出现跳变。

CMI 码中规定，"0"用脉冲"-1，+1"表示，"1"则交替用"+1，+1"和"-1，-1"表示。

仿真模型如图 4-26 所示。

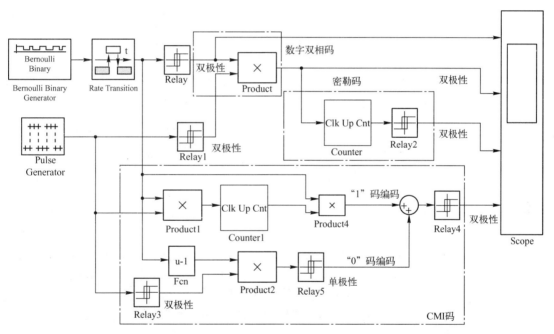

图 4-26　数字双相码（曼彻斯特码）、密勒码（延迟调制码）以及传号反转码（CMI 码）编码模型

仿真输出波形如图 4-27 所示。

2. 三电平码

三电平码的电平取值为 -A，0，+A 三个，工程上通常以简单对应关系将二进制数据映射为三电平码，例如，双极性归零码除了代表两个二进制符号的 -A，+A 电平外，还有一个归零电平，因此可视为一种三电平码。

PCM 终端机中常用的三电平码有：AMI 码 HDB3 码和 B6ZS 码等。

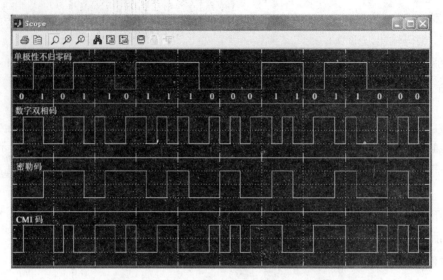

图 4-27　数字双相码（曼彻斯特码）、密勒码（延迟调制码）
以及传号反转码（CMI 码）编码仿真结果波形

【实例 4-4】　试建立 AMI 编码和解码的仿真模型。

　　AMI 码也称为传号交替反转码，其编码规则是："0"用零电平表示，"1"用 +A 和 −A 电平交替表示。仿真模型如图 4-28 所示，其中以二进计数器 Counter 模块进行符号 "1" 的奇偶统计，Ralay 模块将计数值转换为 " \ pm1" 并据此控制传号 "1" 的脉冲极性。

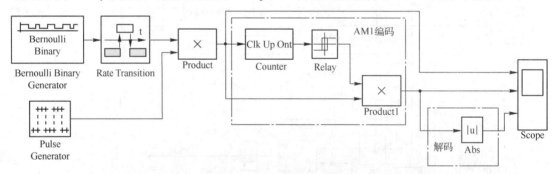

图 4-28　AMI 码编码解码模型

　　AMI 码的解码很简单，对输入取绝对值后即还原为二元归零码。

　　仿真波形如图 4-29 所示。

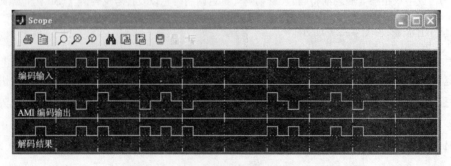

图 4-29　AMI 编码和解码仿真结果波形

【实例 4-5】　HDB3 编码解码的仿真建模。

在 AMI 码中，当出现长连 "0" 时，AMI 输出也是长时间的零电平，这样将会造成定时提取困难。HDB3 码是对 AMI 码的一种改进。HDB3 码规定，每当出现 4 个连 "0" 时，用以下两种取代节代替这 4 个连零，规则是：

令 V 表示违反极性交替规则的传号脉冲，B 表示符合极性交替规则的传号脉冲，当相邻两个 V 脉冲之间的传号脉冲数为奇数时，以 "000V" 作为取代节；当相邻两个 V 脉冲之间的传号脉冲数为偶数时，以 "B00V" 作为取代节。这样，就能够始终保持相邻两个 V 脉冲之间的 B 脉冲数为奇数，使得 V 脉冲序列自身也满足极性交替规则。例如对二进序列 {101100000000110000001...} 先将编码写为 {B0BB000V000BBB00V00B...}，然后根据 B，V 脉冲自身极性交替，V 脉冲与前一个 B 脉冲极性相同的原则确定脉冲极性。起始脉冲极性可任意假设。因此输出的 HDB3 码为

$$\{B^{\^}\}+|0B^{\^}|-|B^{\^}|+|000V^{\^}|+|000B^{\^}|-|B^{\^}|+|B^{\^}|-|00V^{\^}|-|00B^{\^}|+\cdots|$$

或

$$\{B^{\^}\}-|0B^{\^}|+|B^{\^}|-|000V^{\^}|-|000B^{\^}|+|B^{\^}|-|B^{\^}|+|00V^{\^}|+|00B^{\^}|-\cdots|$$

其中，上脚标^|+,^|-分别表示正负极性。

对 HDB3 码解码很容易，根据 V 脉冲极性破坏规则，只要发现当前脉冲极性与上一个脉冲极性相同，就可判断当前脉冲为 V 脉冲，从而将 V 脉冲连同之前的 3 个传输时隙均置为 "0"，就可以清除取代节，然后取绝对值即可恢复归零二进制序列。

使用编程方法更容易实现对 HDB3 码的编解码，仿真程序如下：

〔程序代码〕AMI 码的编码

```
xn = [1 0 1 1 0 0 0 0 0 0 0 0 1 1 0 0 0 0 0 0 1 0];    % 输入单极性码
yn = xn;                          % 输出 yn 初始化
num = 0;                          % 计数器初始化
for k = 1:length(xn)
   if xn(k) == 1
      num = num + 1;              % "1"计数器
         if num/2 == fix(num/2)   % 奇数个 1 时输出 -1，进行极性交替
             yn(k) = 1;
         else
             yn(k) = -1;
         end
   end
end

                                  % HDB3 编码
num = 0;                          % 连零计数器初始化
yh = yn;                          % 输出初始化
sign = 0;                         % 极性标志初始化为 0
V = zeros(1,length(yn));          % V 脉冲位置记录变量
```

```
B = zeros(1,length(yn));                % B 脉冲位置记录变量
for k = 1:length(yn)
  if yn(k) == 0
      num = num + 1;                     % 连"0"个数计数
      if num == 4                        % 如果 4 连"0"
        num = 0;                         % 计数器清零
        yh(k) = 1 * yh(k - 4);

                                         % 让 0000 的最后一个 0 改变为与前一个非零符号相
                                         % 同极性的符号
        V(k) = yh(k);                    % V 脉冲位置记录
        if yh(k) == sign                 % 如果当前 V 符号与前一个 V 符号的极性相同
            yh(k) = -1 * yh(k);          % 则让当前 V 符号极性反转,以满足 V 符号间相互极
                                         % 性反转
            yh(k - 3) = yh(k);           % 添加 B 符号,与 V 符号同极性
            B(k - 3) = yh(k);            % B 脉冲位置记录
            V(k) = yh(k);                % V 脉冲位置记录
            yh(k + 1:length(yn)) = -1 * yh(k + 1:length(yn));
                                         % 并让后面的非零符号从 V 符号开始再交替变化
        end
        sign = yh(k);                    % 记录前一个 V 符号的极性
      end
  else
      num = 0;                           % 当前输入为"1"则连"0"计数器清零
  end
end                                      % 编码完成
re = [xn',yn',yh',V',B'];                % 结果输出: xn AMI HDB3 V&B 符号
                                         % HDB3 解码

input = yh;                              % HDB3 码输入
decode = input;                          % 输出初始化
sign = 0;                                % 极性标志初始化
for k = 1:length(yh)
    if input(k) ~= 0
        if sign == yh(k)                 % 如果当前码与前一个非零码的极性相同
            decode(k - 3:k) = [0 0 0 0]; % 则该码判为 V 码并将 * 00V 清零
        end
        sign = input(k);                 % 极性标志
    end
end
decode = abs(decode);                    % 整流
error = sum([xn' - decode']);            % 解码的正确性检验,作图
subplot(3,1,1);stairs([0:length(xn) - 1],xn);axis([0 length(xn)  -2 2]);
```

subplot(3,1,2);stairs([0:length(xn) -1],yh);axis([0 length(xn) -2 2]);

subplot(3,1,3);stairs([0:length(xn) -1],decode);axis([0 length(xn) -2 2]);

程序执行后得出 HDB3 编码和解码波形如图 4-30 所示。

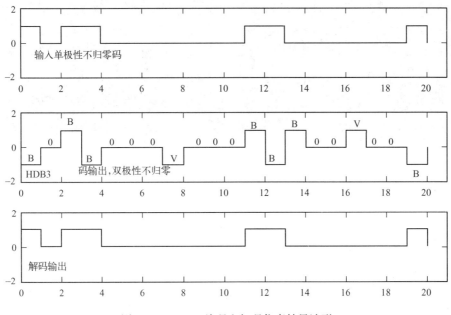

图 4-30　HDB3 编码和解码仿真结果波形

4.2.2　眼图和无码间串扰波形仿真

实际中通信传输信道的带宽总是有限的，这样的信道称为带限信道。带限信道的冲击响应在时间上是无限的，因此一个时隙内的代表数据的波形经过带限信道后就在邻近的其他时隙上将形成非零值，称为波形的拖尾。拖尾和邻近其他时隙上的传输波形相互叠加后，形成传输数据之间的混叠，形成符号间干扰，称为码间串扰。接收机中，在每个传输时隙中的某一时间点上，通过对时隙混叠后的波形进行采样，然后对样值进行判决来恢复接收数据。在采样时间位置上符号间的干扰应最小化（该采样时刻称为最佳采样时刻），并以适当的判决门限来恢复接收数据，使误码率最小（该门限称为最佳判决门限）。

在工程上，为了便于观察接收波形中的码间串扰情况，可在采样判决设备的输入端口处以恢复的采样时钟作为同步，用示波器观察该端口的接收波形。利用示波器显示的暂时记忆特性，在示波器上将显示出多个时隙内接收信号的重叠波形图案，称为眼图。一个双极性二电平波形经过某带限信道后的波形和眼图的仿真结果如图 4-31 所示，对于传输符号等概率的双极性二元码，最佳判决门限为 0，最佳采样时刻为眼图开口最大处，因为这时刻上的码间串扰最小，当无码间串扰时，在最佳采样时刻上眼图波形将会聚为一点。

显然，只要带限信道冲击响应的拖尾波形在时隙周期整数倍上取值为零，那么就没有码间串扰，例如采样函数 $\mathrm{sinc}x = \sin x/x$，但是采样函数的频谱是矩形门函数，物理上是不可实现的，然而存在一类无码间串扰的时域函数，具有升余弦频率特性，幅频响应

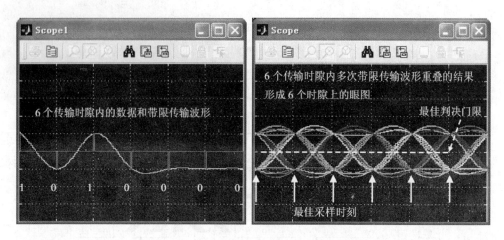

图 4-31　带限双极性二电平波形形成的眼图

是缓变的，在工程上易于近似实现。具有滚升余弦频率特性的传输信道是无码间串扰的，其冲激响应为

$$h_{rcos}(t) = \frac{\sin(\pi t/T_s)}{\pi t/T_s} \frac{\cos(\alpha \pi t/T_s)}{1 - 4\alpha^2 t^2/T_s^2} \tag{4-1}$$

相应的频谱为

$$H_{rcos}(\omega) = \begin{cases} T_s, & 0 \le |\omega| < \dfrac{(1-\alpha)\pi}{T_s} \\ \dfrac{T_s}{2}\Big[1 + \sin\dfrac{T_s}{2\alpha}(\dfrac{\pi}{T_s} - \omega)\Big], & \dfrac{(1-\alpha)\pi}{T_s} \le |\omega| < \dfrac{(1+\alpha)\pi}{T_s} \\ 0, & |\omega| \ge \dfrac{(1+\alpha)\pi}{T_s} \end{cases} \tag{4-2}$$

式中，T_s 为码元传输时隙宽度，$0 \le \alpha \le 1$ 为滚降系数。当 $\alpha = 0$ 时，$H_{rcos}(\omega)$ 退化为矩形门函数，当 $\alpha = 1$ 时，$H_{rcos}(\omega)$ 称为全升余弦频谱。

设发送滤波器为 $G_T(\omega)$，物理信道的传递函数为 $C(\omega)$，接收滤波器为 $G_R(\omega)$，则带限信道总的传递函数为

$$H(\omega) = G_T(\omega)C(\omega)G_R(\omega) \tag{4-3}$$

对于物理信道是加性高斯白噪声信道的情况，可以证明，当发送滤波器与接收滤波器相互匹配的时候，即 $G_T(\omega) = G_R^*(\omega)$，通信性能（误码率最小）达到最佳。对于理想的物理信道($C(\omega) = 1$)，收发滤波器相互匹配时有

$$H(\omega) = G_T(\omega)G_R^*(\omega) = |G_T(\omega)|^2 \tag{4-4}$$

由此求得收发滤波器传递函数的实数解为

$$G_T(\omega) = G_R(\omega) = \sqrt{H(\omega)} \tag{4-5}$$

无串扰条件下，信道传递函数是滚升余弦的，匹配的收发滤波器称为平方根滚升余弦滤波器（square root raised cosine filter），有

$$G_T(\omega) = G_R(\omega) = \sqrt{H_{rcos}(\omega)} \tag{4-6}$$

对应的冲击响应为

$$h(t) = 4\alpha \frac{\cos((1+\alpha)\pi t/T_s) + \dfrac{\sin((1-\alpha)\pi t/T_s)}{4\alpha t/T_s}}{\pi \sqrt{T_s}((4\alpha t/T_s)^2 - 1)} \quad (4-7)$$

工程上，滚升余弦滤波器和平方根滚升余弦滤波器通常用 FIR 滤波器来近似实现。FIR 滤波器的分母系数为 1，分子系数向量等于冲激响应的采样序列。MATLAB 通信工具箱中提供了设计升余弦滤波器的函数 rcosine，用于计算 FIR 滤波器时函数 rcosine 使用方法如下：

```
num = rcosine(Fd,Fs,'fir/normal',r,delay);
% 'fir/normal'用于 FIR 滚升余弦滤波器设计
num = rcosine(Fd,Fs,'fir/sqrt',r,delay);
% 'fir/sqrt'用于 FIR 平方根滚升余弦滤波器设计
% r 是滚降系数,r 取值在 0 ~ 1 之间
% Fd 为输入数字序列的采样率,即码元速率
% Fs 为滤波器采样率,Fs 必须是 Fd 的正整数倍
% delay 是输入到响应峰值之间的时延(单位是码元时隙数)
```

【实例 4-6】　作出一组滚升余弦滤波器的冲激响应，滚降系数为 0、0.5、0.75 和 1，并通过 FFT 求出其幅频特性。码元时隙为 1 ms，在一个码元时隙内采样 10 次，滤波器延时为 5 个码元时隙宽度。

程序代码如下：

```
Fd = 1e3;
Fs = Fd * 10;
delay = 5;
for r = [0, 0.5, 0.75, 1]
    num = rcosine(Fd,Fs,'fir/normal',r,delay);
    t = 0:1/Fs:1/Fs * (length(num) - 1);
    figure(1); plot(t,num); axis([0 0.01 -0.3 1.1]);hold on;
    Hw = abs(fft(num,1000));
    f = (1:Fs/1000:Fs) - 1;
    figure(2); plot(f,Hw); axis([0 1500 0 12]);hold on;
end
```

程序执行结果如图 4-32 所示，从图中看出，时域波形簇在 1 ms 的整数倍上过零，因此是无码间串扰的。随着滚降系数增加，时域响应波形的拖尾减小且衰减加快，频域曲线下降变缓，带宽增加，当滚降系数为零时，频域曲线为矩形，但由于时域截断，在频域产生吉布斯效应波动现象。

【实例 4-7】　设计一个滚升余弦滤波器，滚降系数为 0.75。输入为 4 元双极性数字序列，符号速率为 1 000 Baud，设滤波器采样率为 10 000 次/s，即在一个符号间隔中有 10 个采样点。试建立仿真模型观察滚升余弦滤波器的输出波形、眼图以及功率谱。

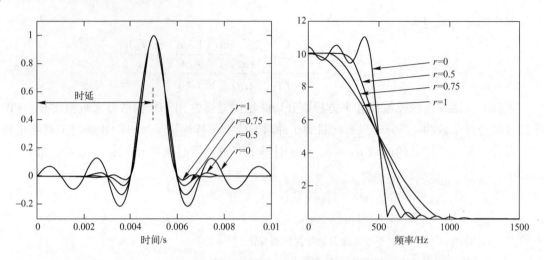

图4-32 滚升余弦滤波器的冲激响应和对应的幅度频谱

设计模型如图4-33所示，系统仿真步进设为1e-4s，采用 Random Integer Generator 产生采样间隔为1e-3s的4元整数（0，1，2，3），并以 Unipolar to Bipolar Converter 模块将其转换为双极性的（-3，-1，1，3）。通过升速率模块 Upsample 将基带数据的采样速率升高为10 000次/s，其输出为冲激脉冲形式的数据序列。滚升余弦 FIR 滤波器以 Discrete Filter 模块实现，其分母系数设置为1，分子系数通过 rcosine 函数计算，设置为

$$\text{rcosine}(1e3,1e4,'\text{fir/normal}',0.75,3)$$

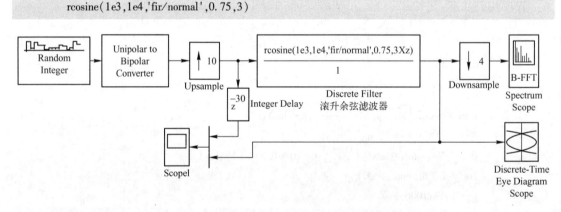

图4-33 滚升余弦滤波器和眼图测试模型

这样得到滚降系数为0.75的滚升余弦滤波器，滤波延时时间为3个时间间隙，即30个滤波采样间隔，滤波器的输出通过 Downsample 模块降低4倍采样速率，使送入频谱仪的采样率为2 500次/s，这样频谱仪显示的频谱范围为0～1 250 Hz，同时，滤波输出送入通信模块库中的眼图显示模块 Discrete-Time Eye Diagram Scope 显示眼图。在眼图显示模块 Discrete-Time Eye Diagram Scope 中需要设置：

（1）每个数据的采样点数设置为10。

（2）每次扫描显示的符号个数可设置为2，这样眼图将显示2个符号的时间宽度。

（3）显示所保留的扫描波形轨迹图，可使用默认值。

（4）每次显示的新轨迹数，也可使用默认值。

（5）Discrete - Time Eye Diagram Scope 模块可同时显示同相支路和正交支路上的波形眼图，本例只有一条支路，可选择 In - phase Only 选项。

由于滚升余弦滤波器存在延迟，为了使滤波器输出波形对应于输入数据脉冲，模型中使用了 Integer Delay 模块将输入数据延迟 30 个采样时间间隔，通过示波器同时对比显示滤波器输入输出波形，仿真结果波形、功率频谱和眼图如图 4-34 所示。

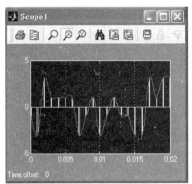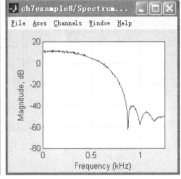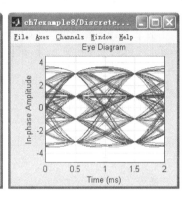

图 4-34　滚升余弦滤波器仿真结果（时域波形，功率频谱，眼图）

4.2.3　基带传输系统的仿真

【实例 4-8】　试建立一个基带传输模型，发送数据为二进制双极性不归零码，发送滤波器为平方根升余弦滤波器，滚降系数为 0.5，信道为加性高斯信道，接收滤波器与发送滤波器相匹配。发送数据率为 1 000 bit/s，要求观察接收信号眼图，并设计接收机采样判决部分，对比发送数据与恢复数据波形，并统计误码率。假设接收定时恢复是理想的。

设计系统仿真采样率为 10^4 次/s，滤波器采样速率等于系统仿真采样率。数字信号速率为 1 000 bit/s，故在进入发送滤波器之前需要 10 倍升速率，接收解码后再以 10 倍降速率来恢复信号传输比特率。仿真模型如图 4-35 所示，其中系统分为二进制信源、发送滤波器、高斯信道、接收匹配滤波器、采样、判决恢复以及信号测量等 7 部分。二进制信源输出双极性不归零码，并向接收端提供原始数据以便对比和统计误码率。发送滤波器和接收滤波器是相互匹配的，均为平方根升余弦滤波器，高斯信道采用简单的随机数发生器和加法器实现。由于接收定时被假定是理想的，可用脉冲发生器实现 1 000 Hz 的矩形脉冲作为恢复定时脉冲，以乘法器实现在最佳采样时刻对接收滤波器输出的采样。然后对采样结果进行门限判决，最佳判决门限设置为零，判决输出结果在一个传输码元时隙内保持不变，最后以 10 倍降速率采样得出采样率为 1 000 Hz 的恢复数据。

由于发送滤波器和接收滤波器的滤波延迟均设计为 10 个传输码元时隙，所以在传输中共延迟 20 个时隙，加上接收机采样和判决恢复部分的 2 个时隙的延时，接收恢复数据比发送信源数据共延迟了 22 个码元。因此，在对比收发数据时需要将发送数据延迟 22 个采样单位（时隙）。信号测量部分对接收滤波器输出波形的眼图、收发数据波形以及误码率进行了测量，仿真结果如图 4-36 所示，其中信道中噪声方差为 0.05，测试误码率结果为 0.006 8。

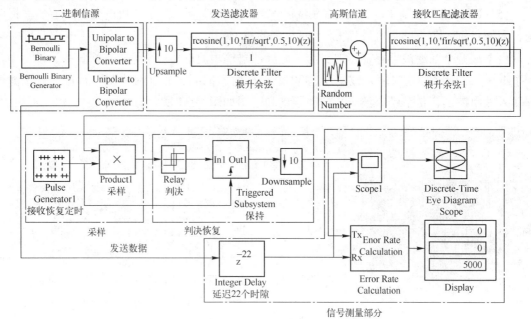

图 4-35　高斯信道下的基带传输系统测试模型

仿真结果如图 4-36 所示，其中信道中噪声方差为 0.05，测试误码率结果为 0.006 8。

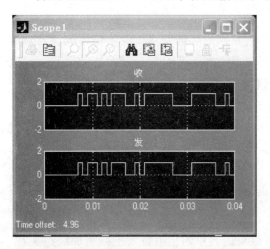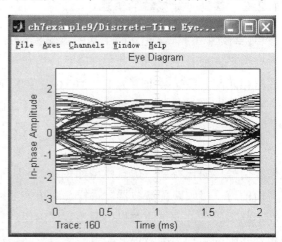

图 4-36　高斯信道下的基带传输系统测试仿真结果，信道中噪声方差为 0.05

4.2.4　定时提取系统的仿真

【实例 4-9】　在实例 4-8 模型基础上，设计其接收机定时恢复系统并进行仿真。

双极性二进制信号本身不含有定时信息，故需要对其进行非线性处理（如平方或取绝对值），提取时钟的二倍频分量，最后通过二分频来恢复接收定时脉冲。系统仿真模型如图 4-37 所示，其中信源子系统同实例 4-8 的二进制信源虚线框部分。

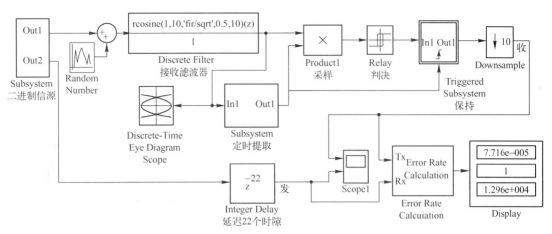

图 4-37　高斯信道下的基带传输系统定时提取部分的仿真模型

定时恢复子系统的内部结构如图 4-38 所示，其中采用了锁相环来锁定定时脉冲的二次谐波后，以二分频得出定时脉冲。示波器用来观察恢复定时与理想定时之间的相位差，然后通过调整 Integer Delay 模块的延迟量使恢复定时脉冲的上升沿对准眼图最佳采样时刻。

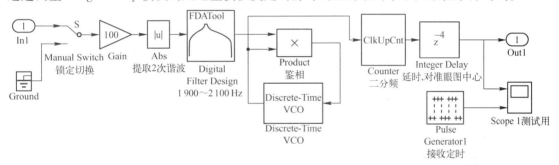

图 4-38　定时提取子系统的内部结构

仿真结果如图 4-39 所示。

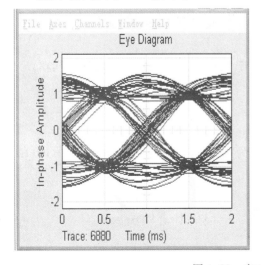

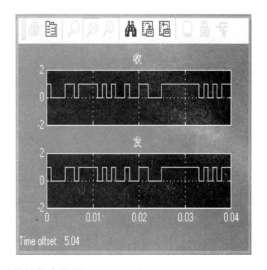

图 4-39　定时提取系统的仿真结果

第5章 数字频带通信系统的建模仿真

5.1 基于 SystemView 的二进制数字调制与解调仿真

5.1.1 二进制幅移键控及频移键控仿真

学习目标是本节利用 SystemView 进行仿真、进一步加深理解二进制幅移键控（2ASK）和二进制频移键控（2FSK）系统的工作原理，建议除按照仿真模型的分析内容要求得到分析结果外，应进一步熟悉软件的主要操作步骤。

1. 相干接收 2ASK 系统分析

（1）相干接收 2ASK 系统工作原理：

相干接收 2ASK 系统组成如图 5-1 所示。

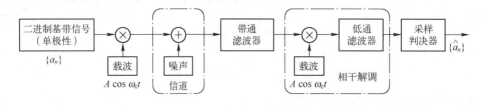

图 5-1　相干接收 2ASK 系统组成

（2）仿真操作步骤：

根据图 5-1 所示系统，在 SystemView 系统窗口中创建仿真系统，首先设置时间窗，运行时间：$0 \sim 0.3\,\mathrm{s}$，采样速率：$10\,000\,\mathrm{Hz}$。

① 仿真系统组成如图 5-2 所示。

② 图符块参数设置：

Token 0：单极性二进制基带码源（PN 码），参数为 Amp $= 1\,\mathrm{V}$；Offset $= 1\,\mathrm{V}$；Rate $= 100\,\mathrm{Hz}$；No. of Level $= 2$。

Token 1，3：乘法器。

Token 10：正弦载波信号源，参数为 Amp $= 1\,\mathrm{V}$；F $= 1\,000\,\mathrm{Hz}$；Phase $= 0$。

Token 2：加法器。

Token 4：高斯噪声源，参数为 Std Deviation $= 0.5\,\mathrm{V}$；Mean $= 0\,\mathrm{V}$。

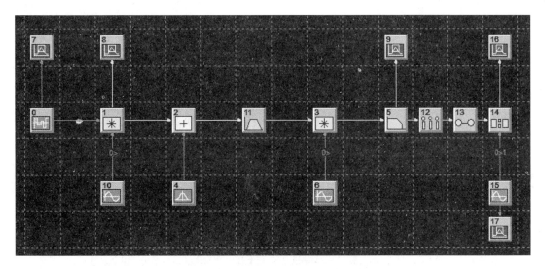

图 5-2　相干接收 2ASK 仿真系统组成

Token 11：模拟带通滤波器，参数为 Butterworth_Bandpass IIR；No. of Poles = 5；LowCutt-off = 800 Hz；Hi Cuttoff = 1 200 Hz。

Token 6：正弦本地同步载波信号源，参数为 Amp = 2 V；F = 1 000 Hz；Phase = 0。

Token 5：模拟低通滤波器，参数为 Butterworth_Lowpass IIR；No. of Poles = 5；LoCuttoff = 300 Hz。

Token 12：Operator—Sample/Hold—Sampler（Sample Rate = 100 Hz，采样速率 = 码元速率）。

Token 13：Operator—Sample/Hold—Hold（Hold Value = Last Sample，Gain = 1 V）。

Token 14：Operator—Logic—Compare（Select Comparison = a >= b，对低通滤波器的输出进行判决）。

Token 15：Source — Periodic — Sinusoid（幅度 1 V，频率 0 Hz，phase = 90°，产生 1 V 的判决门限，作为比较判决器的另一个输入，将低通滤波器的输入与此输入进行比较）。

Sink 7，8，9，16，17：信宿接收分析器。

（3）分析要求：

① 在系统窗下创建如图 5-2 所示的仿真系统，观察指定分析点的时域波形或功率谱，理解各图符块在系统中的特殊作用。

② 掌握 2ASK 调制与相干解调的原理，理解 2ASK 已调信号的功率谱与带宽特性。

③ 改变图符块设置参数，观察仿真结果。

④ 进一步熟悉软件的主要操作步骤。

（4）仿真输出波形：

① 原始码元信号（Token 0，Sink 7）如图 5-3 所示。

② 2ASK 已调信号（Token 1，Sink 8）如图 5-4 所示。

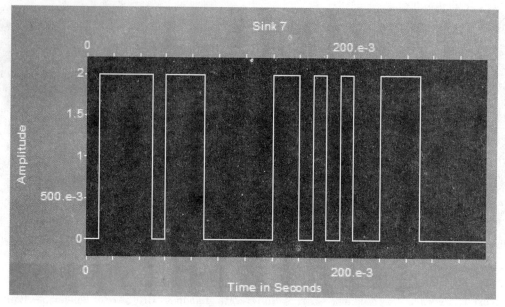

图 5-3　原始码元信号

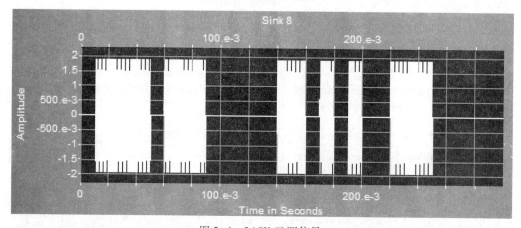

图 5-4　2ASK 已调信号

③ 相干解调后的低通滤波器输出波形（Token 5，Sink 9）如图 5-5 所示。

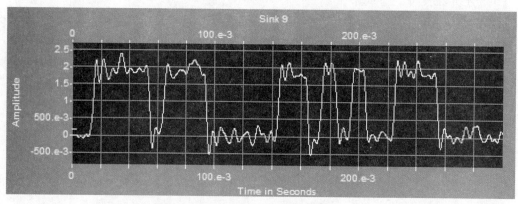

图 5-5　相干解调后低通滤波器输出波形

④ 采样判决后输出码元信号 （Token 14，Sink 16） 如图 5-6 所示。

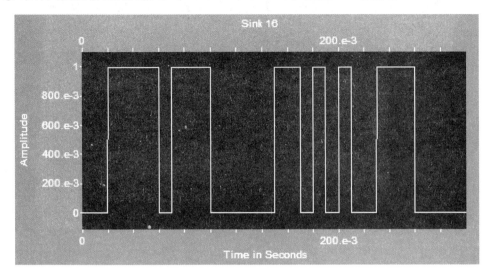

图 5-6 采样判决后输出码元信号

⑤ 原始码元信号功率谱 （Token 0，Sink 7） 如图 5-7 所示。

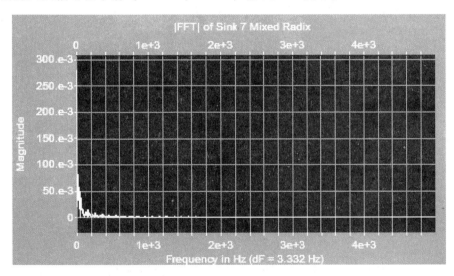

图 5-7 原始码元信号功率谱

⑥ 2ASK 已调信号功率谱 （Token 1，Sink 8） 如图 5-8 所示。

2. 相干接收 2FSK 系统分析

（1） 相干接收 2FSK 系统工作原理：

相干接收 2FSK 系统组成如图 5-9 所示，单极性二进制基带码源 （PN） 码速率为 10 bit/s，代码 "0" 用载频为 $f_1 = 100$ Hz 的载波表示，而代码 "1" 用载频为 $f_2 = 150$ Hz 的载波表示，调制采用 "二进制频移键控法" 产生 2FSK 信号，解调采用 "相干解调法"，采样判决规则为 $v_1 < v_2$ 时，则判为 "1" 代码，$v_1 > v_2$ 时，则判为 "0" 代码。

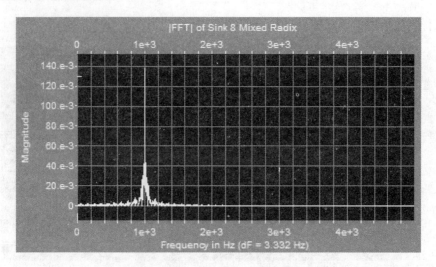

图 5-8 2ASK 已调信号功率谱

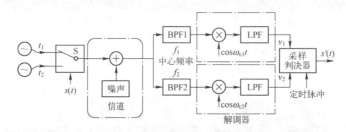

图 5-9 相干接收 2FSK 系统组成

（2）仿真操作步骤：

根据图 5-9 所示系统，在 SystemView 系统窗下建立仿真系统，首先设置时间窗，运行时间：$0 \sim 4.095\,\text{s}$，采样速率：$1\,000\,\text{Hz}$，组成系统如图 5-10 所示，其中：

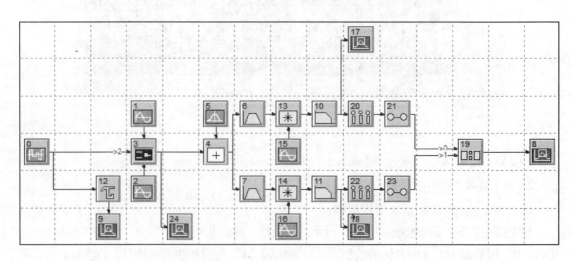

图 5-10 相干接收 2FSK 仿真系统

Token 0：PN 码源，产生单极性不归零码，参数为 Amp = 0.5 V、Offset = 0.5 V、Rate = 10 Hz、No. of levels = 2、phase = 0。

Token 1、15：产生载频 f_1 = 100 Hz 的载波及相干载波，参数为 Amp = 1 V、Frequency = 100 Hz、phase = 0。

Token 2、16：产生载频 f_2 = 150 Hz 的载波及相干载波，参数：Amp = 1 V、Frequency = 150 Hz、phase = 0。

Token 3：Logic—Mixed Signal—SPDT，单刀双位开关，开关受输入 PN 码源的控制，若输入为"1"代码，则选通载频为 f_2 = 150 Hz 的载波，若输入为"0"代码，则选通载频为 f_1 = 100 Hz 的载波，参数为 Gate Delay = 0、Ctrl Thresh = 0.1 V。

Token 4：加法器，模拟信道。

Token 5：模拟信道中的加性高斯噪声，参数为 Std Deviation = 0.1 V；Mean = 0 V。

Token 6：模拟带通滤波器，分离载频 f_1 = 100 Hz 的 2ASK 信号，参数为 Butterworth_Bandpass IIR；No. of Poles = 5；LowCuttoff = 80 Hz；Hi Cuttoff = 120 Hz。

Token 7：模拟带通滤波器，分离载频 f_2 = 150 Hz 的 2ASK 信号，参数为 Butterworth_Bandpass IIR；No. of Poles = 5；LowCuttoff = 130 Hz；Hi Cuttoff = 170 Hz。

Token 12：Operator—Delays，参数为 Delay Type 为 Non–Interpolating，Delay = 0.1 s。

Token 13、14：乘法器。

Token 10、11：模拟低通滤波器，参数为 Butterworth_Lowpass IIR；No. of Poles = 5；LoCuttoff = 50 Hz。

Token 20、22：Operator—Sample/Hold—Sampler（Sample Rate = 10 Hz，采样速率 = 码元速率）。

Token 21、23：Operator—Sample/Hold—Hold（Hold Value = Last Sample，Gain = 1V）。

Token 19：Operator—Logic—Compare（Select Comparison = a <= b，对上下两路低通滤波器的输出进行判决，A input = token 21，B input = token 23）。

Sink 9、17、18、8、24：信宿接收分析器 Sink。

（3）分析要求：

① 在系统窗下创建仿真系统，观察各接收分析器（Sink 9，17，18，8）的时域波形及 2FSK 已调信号（Sink 24）的功率谱，体会各图符块在系统中的特殊作用。

② 掌握 2FSK 调制与相干解调的原理，理解 2FSK 已调信号功率谱特点、带宽特性以及 2FSK 采样判决的条件。

③ 改变图符块设置参数，再观察仿真结果。

（4）仿真输出波形：

① 原始码元信号（Token 0，Sink 9）如图 5-11 所示。

② 上支路相干解调后低通滤波器输出波形（Token 10，Sink 17）如图 5-12 所示。

③ 下支路相干解调后低通滤波器输出波形（Token 11，Sink 18）如图 5-13 所示。

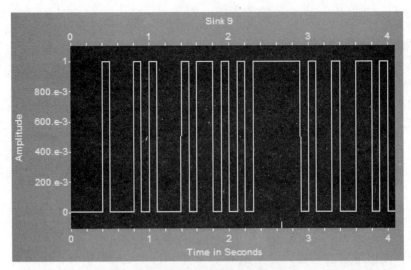

图 5-11　原始码元信号

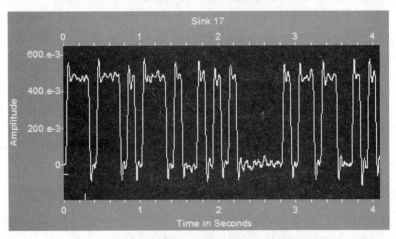

图 5-12　上支路相干解调后低通滤波器输出波形

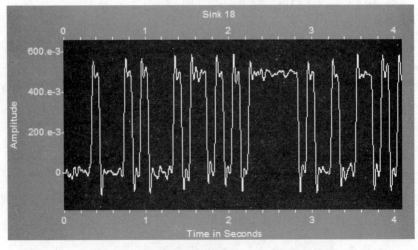

图 5-13　下支路相干解调后低通滤波器输出波形

④ 采样判决后输出码元信号（Token 19，Sink 8）如图 5-14 所示。

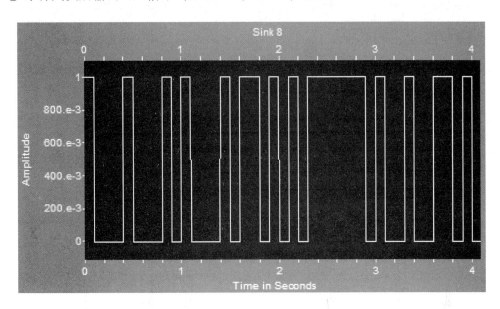

图 5-14　采样判决后输出码元信号

⑤ 原始码元与采样判决后码元比较（Overlay Sink 8，Sink 9）如图 5-15 所示。

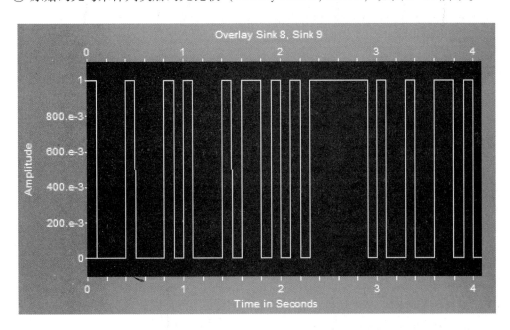

图 5-15　原始码元与采样判决后码元比较

由图中可知，除了起始时刻因为延时造成的码元失真外，后面码元传输无失真。

⑥ 2FSK 已调信号的功率谱（Sink 24）如图 5-16 所示。

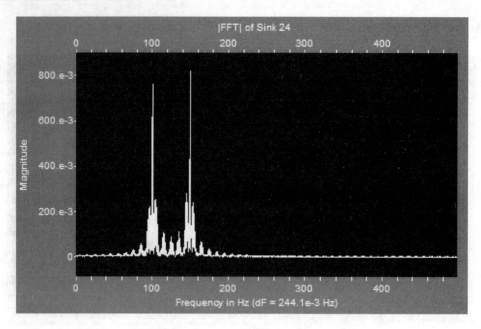

图 5-16　2FSK 已调信号的功率谱

5.1.2　二进制绝对相移及差分相移键控仿真

5.1.2.1　二进制绝对相移键控（2PSK）调制解调系统分析

1. 分析目的

（1）熟悉使用 SystemView 软件，了解各部分功能模块的操作和使用方法。

（2）通过分析进一步掌握 2PSK 调制原理。

（3）通过分析进一步掌握 2PSK 相干解调原理。

（4）理解倒 π 现象。

（5）理解噪声对数字频带传输系统解调性能的影响。

2. 分析内容

用 SystemView 建立一个 2PSK 调制解调系统仿真电路，信道中加入高斯噪声（均值为 0，方差可调），调节噪声大小，观察输出端误码情况，同时观察各模块输出波形的功率谱，理解 2PSK 调制解调原理。

3. 分析要求

（1）观察仿真电路中各模块输出波形的变化，理解 2PSK 调制解调原理。

（2）观察比较仿真电路中各模块输出波形的功率谱、带宽变化，指出 2PSK 是线性调制还是非线性调制？

（3）调节噪声大小，观察输出端误码情况，说明原因。

（4）将解调端参考载波相位设置为与调制端载波相位相差 180°，观察解调波形有何变化，此现象为何现象？

4. 电路构成

2PSK 调制解调仿真系统如图 5-17 所示。

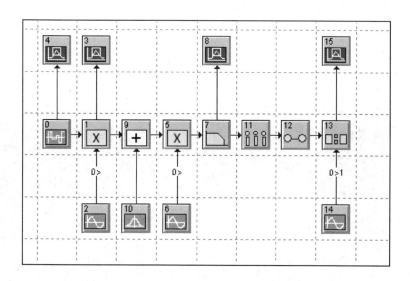

图 5-17 2PSK 调制解调仿真系统

模块说明：

Sink 4：产生原始码元信号。

Sink 3：产生 2PSK 信号。

Sink 8：2PSK 信号经过相干解调后通过低通滤波器后的输出信号。

Sink 15：经过采样判决后的输出码元信号。

参数设置：

Token 0：Source—Noise/PN—Pn Seg（幅度 1 V，频率 50 Hz，电平数 2，偏移 0 V，产生原始码元信号，随机产生）。

Token 1，5：Multiplier（乘法器）。

Token 2，6：Source—Periodic—Sinusoid（幅度 1 V，频率 200 Hz，产生用于调制和解调的载波信号）。

Token 9：Adder（加法器）。

Token 10：Source—Noise/PN—Gauss Noise（均值为 0，均方差为 0.1，产生高斯噪声）。

Token 7：Operator—Filters/Systems—Linear Sys Filters（Design：Analog，频率 50，极点个数 3，产生一个模拟低通滤波器，低通滤波器的截止频率 = 原始码元速率）。

Token 11：Operator—Sample/Hold—Sampler（Sample Rate = 50 Hz，采样速率 = 码元速率）。

Token 12：Operator—Sample/Hold—Hold（Hold Value = Last Sample，Gain = 1 V）。

Token 13：Operator—Logic—Compare（Select Comparison = a >= b，对低通滤波器的输出

进行判决)。

Token 14：Source—Periodic—Sinusoid（幅度 0 V，频率 0 Hz，作为比较判决器的另一个输入，将低通滤波器的输入与此输入进行比较）。

系统定时设置：Start Time 设为 0 s，Stop Time 设为 0.5 s，Sample Rate 设为 10 000 Hz。

5. 仿真输出波形

(1) 原始码元信号（Token 0, Sink 4）如图 5-18 所示。

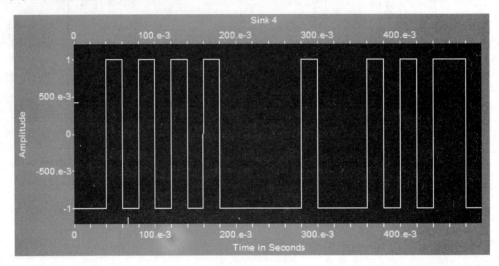

图 5-18　原始码元信号

(2) 2PSK 已调信号（Token 1, Sink 3）如图 5-19 所示。

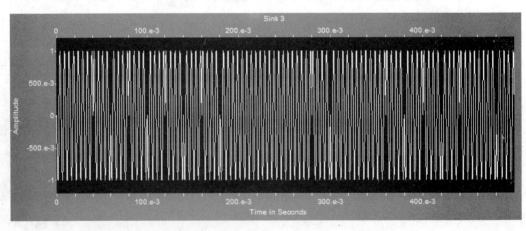

图 5-19　2PSK 已调信号

(3) 相干解调后低通滤波器输出波形（Token 7, Sink 8）如图 5-20 所示。

(4) 采样判决后输出码元信号如图 5-21 所示。

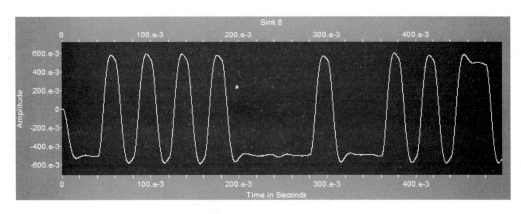

图 5-20　相干解调后低通滤波器输出波形

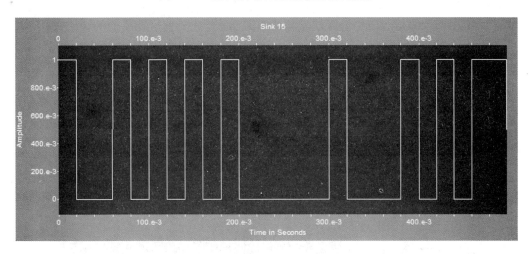

图 5-21　采样判决后输出码元信号

（5）原始码元信号功率谱如图 5-22 所示。

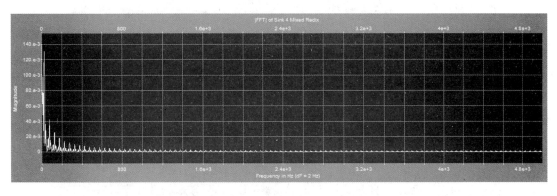

图 5-22　原始码元信号功率谱

（6）2PSK 已调信号功率谱如图 5-23 所示。

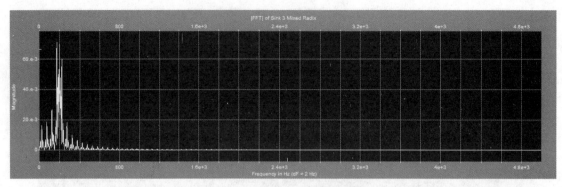

图 5-23　2PSK 已调信号功率谱

6. 仿真结果分析

（1）由图形可以看出 2PSK 已调信号的功率谱是原始码元信号功率谱的频谱搬移，中心频率为 $f = 200\,\text{Hz}$，数字基带信号的带宽为 50 Hz，而 2PSK 调制信号的带宽为 100 Hz，是基带信号带宽的 2 倍。

（2）2PSK 调制信号中没有离散谱。

（3）当噪声增大时，解调端输出码元会有误码。

例如当噪声方差为 5 V 时，原始码元如图 5-24 所示。

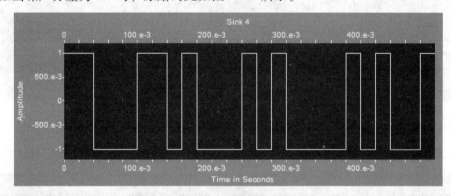

图 5-24　原始码元

解调端输出码元如图 5-25 所示。

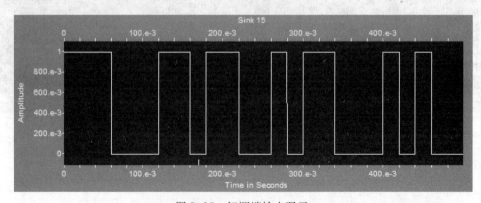

图 5-25　解调端输出码元

可以看出，解调端出现误码。

（4）当解调端参考载波相位与调制端载波相位相差 180°时，解调出的码元波形与原始码元波形反相。例如原始码元波形如图 5-26 所示。

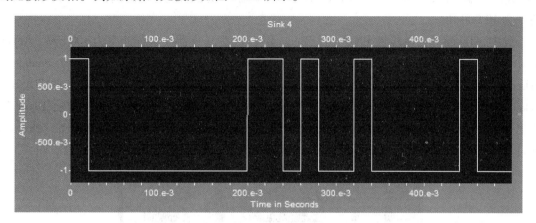

图 5-26　原始码元波形

解调端输出码元波形如图 5-27 所示。

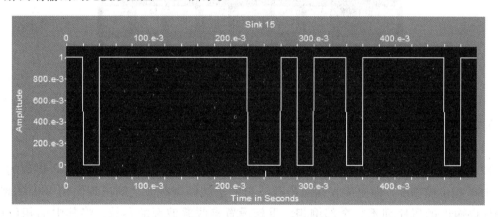

图 5-27　解调端输出码元波形

由此可以得出结论：当调制解调两端载波相位相差 180°时，解调出的码元波形与原始码元波形反相，即倒 π 现象。

5.1.2.2　二进制差分相移键控（2DPSK）系统分析

1. 2DPSK 系统组成原理

2DPSK 系统组成原理如图 5-28 所示，系统中差分编码、译码器是用来克服 2PSK 系统中接收提取载波的 180°相位模糊度。

图 5-28　2DPSK 系统组成

2. 仿真操作步骤

创建仿真系统，一种 2DPSK 系统的仿真系统方案如图 5-29 所示。其中，Token 23、1、2 组成差分编码器，Token 13、14、15 为差分译码器，设置系统运行时间：0 ~ 0.3 s、采样速率为 10 000 Hz。

其中，Token 0 为单极性 PN 码源；Token 23、13 为采样器（采样速率为 100 Hz）；Token 3、16 为保持器；Token 2 为放大器（Gain = 1）、Token 14 为数字延迟器（延迟 1 个 Sample）；Token 4、24、17 为比较器（a > b 模式），Token 5、18 设为 0 V 直流电平（Token 4 的输入 b），Token 25 设为 0.5 V 直流电平（Token 24 的输入 b）。Token 4、17 输出为双极性码、Token 24 输出为单极性码；Token 10、11 为彼此同步的载波源（Amp = 1 V、Freq = 1000 Hz、Phase = 0°）；Token 7、8 组成加性高斯噪声信道；Token 19、20、21、22 为信宿接收分析器。

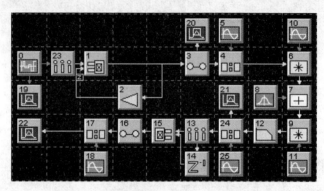

图 5-29　一种 2DPSK 系统的仿真系统方案

3. 分析要求

（1）观察 Token 19、20、21、22 处的时域波形。

（2）在 2DPSK 系统中，"差分编码/译码"环节的引入可以有效地克服接收提取的载波存在 180°相位模糊度，即使接收端同步载波与发送端调制载波之间出现倒相 180°的现象，差分译码输出的码序列不会全部倒相。重新设置接收载波源的参数，将其中的相位设为 180°，运行观察，体会 2DPSK 系统是如何克服同步载波与调制载波之间 180°相位模糊度的。

5.1.3　利用 Costas 环解调 2PSK 信号

1. 分析内容

构造一个 2PSK 信号调制解调系统，利用 Costas 环对 2PSK 信号进行解调，以双极性 PN 码发生器模拟一个数据信源，码速率为 50 bit/s，载波频率为 1000 Hz。以 PN 码作为基准，观测环路同相支路输出和正交支路输出的时域波形。

2. 分析目的

通过分析理解 Costas 环的解调功能。

3. 系统组成及原理

2PSK 调制和 Costas 环解调系统组成如图 5-30 所示。

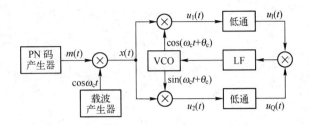

图 5-30　2PSK 调制和 Costas 环解调系统

其中：

$$x(t) = m(t)\cos\omega_c t$$

$$u_2(t) = m(t)\cos\omega_c t \cdot \sin(\omega_c t + \theta_e) = \frac{1}{2}m(t)\left[\sin\theta_e + \sin(2\omega_c t + \theta_e)\right]$$

$$u_1(t) = m(t)\cos\omega_c t \cdot \cos(\omega_c t + \theta_e) = \frac{1}{2}m(t)\left[\cos\theta_e + \cos(2\omega_c t + \theta_e)\right]$$

经过低通滤波器后，得到的同相分量和正交分量分别为

$$u_1(t) = \frac{1}{2}m(t)\cos\theta_e$$

$$u_Q(t) = \frac{1}{2}m(t)\sin\theta_e$$

当 θ_e 很小时，有

$$u_1(t) = 0.5m(t)$$

通常，环路锁定后很小（在仿真分析时可设为 0）。显然，同相分量、正交分量近似为 0。实际上，Costas 环可以同时完成载波同步提取和 2PSK 信号解调，这与常用的平方环有所不同。

4. 创建分析

第 1 步：进入 SystemView 系统视窗。设置"时间窗"参数如下所示：

① 运行时间：Start Time 设为 0 s，Stop Time 设为 1 s；

② 采样频率：Sample Rate = 5000 Hz。

第 2 步：调用图符块创建如图 5-31 所示的仿真分析系统，与前边创建的仿真系统比较，出现了几个"图符参数便笺"，生成"图符参数便笺"的操作方法如下：

在全部图符参数确定后，执行 NotePads →Copy Token Parameters to NotePad 命令，再用附着了 Select 条框的鼠标单击某个图符块，立刻生成该图符块的"图符参数便笺"。单击便笺框使之被激活，拉动四边上的"操作点"可调节其几何尺寸；用鼠标按住便笺框，使之显示略微变暗，可移动其位置。

第 3 步：创建完仿真系统后，单击"运行"按钮，分别由 Sink 8、Sink 9 和 Sink 10 显示 PN 码、同相分量和正交分量的时域波形，如图 5-32 所示。

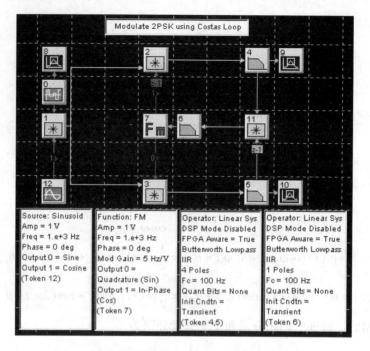

图 5-31　创建带有"图符参数便笺"的仿真分析系统

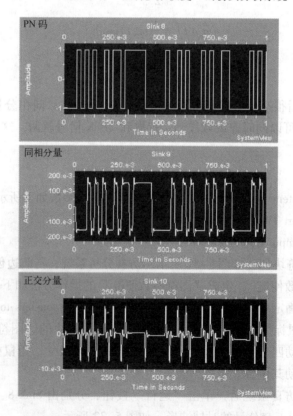

图 5-32　PN 码、同相分量和正交分量的时域波形

5.2　基于 SystemView 的现代数字调制技术仿真

在现代通信中，随着大容量和远距离数字通信技术的发展，出现了一些新的问题，主要是信道的带宽限制和非线性因素对传输信号的影响。在这种情况下，传统的数字调制方式已经不能满足应用的需求，需要采用新的数字调制方式，以减小信道对所传信号的影响，以便在有限的带宽资源条件下，获得更高的传输速率，这些技术的研究，主要是围绕充分节省频谱和高效率的利用频带而展开的。多进制调制是提高频谱利用率的有效方法。恒包络技术能适应信道的非线性，并且保持较小的频谱占用率。从传统数字调制技术扩展的技术有正交幅度调制（QAM）、正交相位调制（QPSK）、最小移频键控（MSK）、高斯滤波最小移频键控（GMSK）等，下面主要对常见的几种调制方式进行分析和仿真。

5.2.1　正交幅度调制

1. 仿真模型

在二进制 ASK 系统中，其频带利用率是 $1(\text{bit/s})/\text{Hz}$，若利用正交载波调制技术传输 ASK 信号，可使频带利用率提高一倍。如果再把多进制与其他技术结合起来，还可进一步提高频带的利用率，能够完成这种任务的技术称为正交幅度调制（QAM），它是利用正交载波对两路信号分别进行双边带抑制载波调幅形成的。通常有二进制 QAM、四进制 QAM（16QAM）、八进制 QAM（64QAM）。图 5-33 为 QAM 调制与解调的 SystemView 仿真实验电路图，其中二进制多电平转换电路未仿真，而是直接采用两路多电平伪随机码来加以代替。接收端合路器也未仿真。读者可以通过设定不同的电平值（L 值）来观察不同的星座图。注意，当 L 值增加到一个较大值时，对应的系统仿真时间点数也须相应增加，才能看到全部的星座位置。

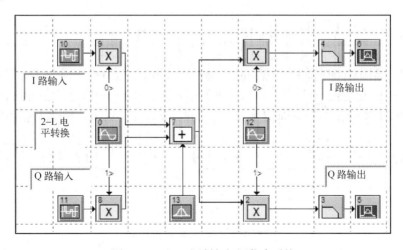

图 5-33　QAM 调制与解调仿真系统

2. 模块说明

Token 10、11：产生四电平数字调制信号。

Token 0：产生正弦周期载波（Amplitude 为 1 V，Frequency 为 10 Hz）。

Token 13：叠加的高斯噪声。

Token 3、4：Bessel IIR 滤波器（Operator—Filter/System—Bessel）。

3. 仿真结果

t 5 Quadrature 输出波形如图 5-34 所示。

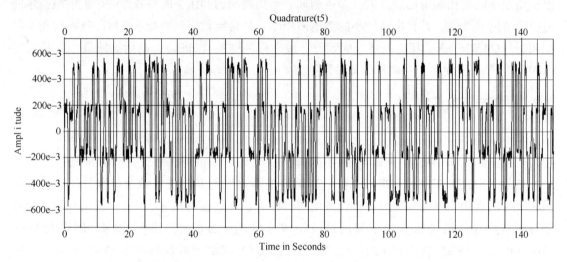

图 5-34   t5 Quadrature 输出波形

t 6 Inphase 输出波形如图 5-35 所示。

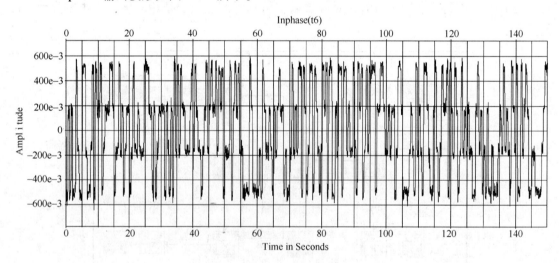

图 5-35   t6 Inphase 输出波形

QAM 星座图（Quadrature vs Inphase）如图 5-36 所示。

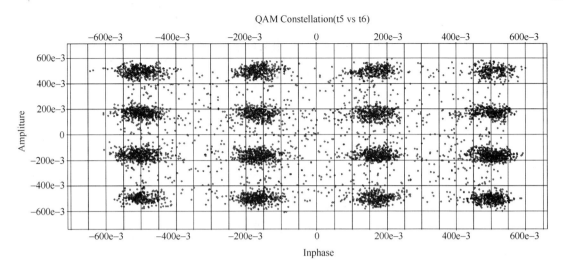

图 5-36　QAM 星座图

Quadrature 功率谱（dBm 50 ohms）如图 5-37 所示。

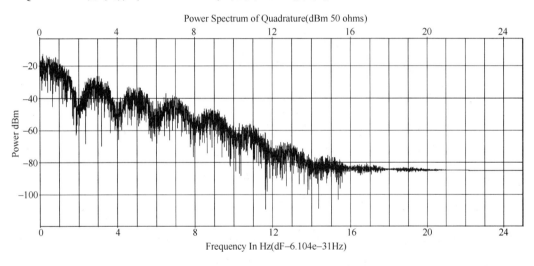

图 5-37　Quadrature 功率谱

5.2.2　正交相位调制

1. 分析内容

创建一个正交相位调制（QPSK）正交调制系统，被调载频为 2 000 Hz，以 PN 码作为二进制信源，码速率 $R_b = 100\,\text{bit/s}$。分别观测 I 通道和 Q 通道的 2PSK 波形、两路合成的 QPSK 波形、QPSK 信号的功率谱。

2. 分析目的

通过分析理解 QPSK 正交调制系统的基本工作原理。

3. 系统组成及原理

QPSK 调制属于四进制移相键控信号，调制系统组成如图 5-38 所示。

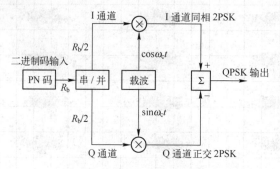

图 5-38　QPSK 正交调制系统

其中，PN 码序列为

$$m(t) = \sum_{n=0}^{\infty} a_n g(t - nT_s)$$

I 通道同相信号和 Q 通道正交信号分别为

$$I(t) = \sum_{k=0}^{\infty} a_{2k+1} \cdot g[t - kT_s]$$

$$Q(t) = \sum_{k=0}^{\infty} a_{2k} \cdot g[t - kT_s]$$

QPSK 输出信号为

$$S_{QPSK}(t) = I(t)\cos\omega_c t - Q(t)\sin\omega_c t$$

应注意，经串/并转换处理后，二进制码序列 $\{a_n\}$ 变成四进制码序列 $\{a_{2k}, a_{2k+1}\}$，I 通道和 Q 通道信号的码速率比二进制码序列（即 PN 码）的速率降低了 50%，即四进制码周期 T_s 是二进制码元周期 T_b 的 2 倍。"正交调制"方式体现在 I 通道使用同相载波进行 2PSK 调制，Q 通道使用正交载波进行 2PSK 调制。

4. 创建分析

第 1 步：进入 SystemView 系统视窗，设置时间窗参数如下所示。

① 运行时间：Start Time 设为 0 s；Stop Time 设为 0.02 s；

② 采样频率：Sample Rate = 30 000 Hz。

第 2 步：调用图符块创建图 5-39 所示的仿真分析系统。

在仿真系统中，Token 2、3、4、5、6、7 和 Token 15 组成"串/并转换器"，Token 3、4 和 Token 15 为来自逻辑库的单 D 触发器，并有 4 个输入端子和 2 个输出端子，当对 D 触发器加输入或输出连线时，会自动出现输入/输出端子选择对话框，如图 5-40 所示，单击各端子前边的复选标记，并单击 OK 按钮，即可分别选择需要的输入或输出端子。带有 ∗ 号的端子表示负逻辑或低电平有效。另外，Token 4、6 为设置成直流源（Amp = 1 V，Freq = 0）的正弦源，作用是向 D 触发器的"Set ∗"、"Clear ∗"端子提供高电平；Token 1 为来自通信库的二进制 PN 码产生器，并由时钟源图符块 Token 0（1 000 Hz）驱动，Token 2 也是时钟源图符块（500 Hz），它提供四进制双比特码时钟。仿真系统中的主要图符块设置参数如表 5-1 所示。

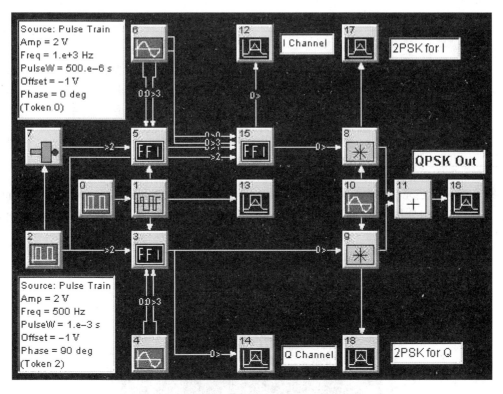

图 5-39　QPSK 正交调制仿真系统

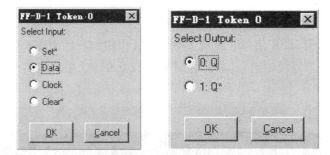

图 5-40　单 D 触发器（FF－D－1）输入/输出端子选择对话框

表 5-1　仿真系统主要图符块参数设置

编号	图符块属性 （Attribute）	类型 （Type）	参　数　设　置 （Parameters）
0	Source	PN Train	Amp = 2 V，Freq = 1 000 Hz，PulseW = 5. e－4sec，Offset = －1 V，Phase = 0 deg
1	Comm	Pulse Gen	Reg Len = 10，Taps = [3－10]，Seed = 123，Threshold = 0，True = 1，False = －1
2	Source	PN Train	Amp = 2 0V，Freq = 500 Hz，PulseW = 1. e－3 sec，Offset = －1 V，Phase = 90 deg
3	Logic	FF－D－1	Gate Delay = 0 sec，Threshold = 0 V，True Output = 1 V，False Output = －1 V，Set ∗ = t4 Output0，Data = t1 Output0，Clock = t2 Output0，Clear ∗ = t4 Output0
4	Source	Sinusoid	Amp = 1 V，Freq = 0 Hz
5	Logic	FF－D－1	Gate Delay = 0 sec，Threshold = 0 V，True Output = 1 V，False Output = －1 V，Set ∗ = t6 Output0，Data = t1 Output0，Clock = t7 Output0，Clear ∗ = t6 Output0

续表

编号	图符块属性 （Attribute）	类型 （Type）	参 数 设 置 （Parameters）
6	Source	Sinusoid	Amp = 1 V，Freq = 0 Hz
7	Operator	NOT	Threshold = 0 V，True = 1，False = − 1
10	Source	Sinusoid	Amp = 1 V，Freq = 2 000 Hz，Phase = 0 deg
15	Logic	FF – D – 1	Gate Delay = 0 sec，Threshold = 0 V，True Output = 1 V，False Output = − 1 V，Set ∗ = t6 Output0，Data = t5 Output0，Clock = t2 Output0，Clear ∗ = t6 Output0

第3步：创建完仿真系统后，单击"运行"按钮，分别由 Sink 13 、Sink 12 和 Sink 14
显示 PN 码、同相分量和正交分量的时域波形，如图 5–41 所示（1/0 字符非系统所给出）。

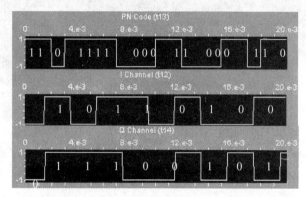

图 5–41　PN 码、同相分量和正交分量的时域波形

第4步：观察同相 2PSK 信号、正交 2PSK 信号和相加后的 QPSK 信号波形。为了观察
波形更清楚，须调整"系统定时"，将停止时间调成 0.01 s，最后可得到 3 个信号波形，如
图 5–42 所示。

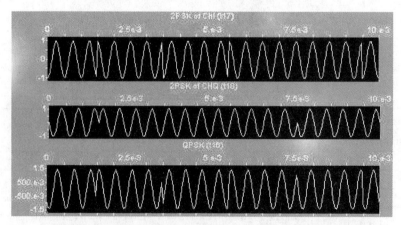

图 5–42　同相 2PSK 信号、正交 2PSK 信号和 QPSK 信号波形

第5步：观察 QPSK 信号的功率谱。按照前边介绍的操作方法，可得图 5–43 所示 QPSK
功率谱。

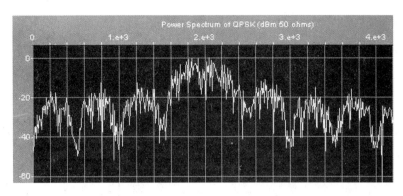

图 5-43　QPSK 功率谱

第 6 步：观察 Sink 12 和 Sink 14 组成的理想 QPSK 信号相位转移图。利用前边介绍的操作方法，可得到图 5-44 所示相位转移图。图中，4 个圆点为四相（45°、135°、225° 和 315°）信号点，图中的连线表示 4 个相位点之间的相位转换路径，在码元转换时刻，QPSK 信号产生的相位跳变量最小为 90°，最大为 180°，而 MSK 信号在码元转换时刻的相位跳变量仅为 90°。相位转换过程也可利用"动画模拟"功能形象观察。

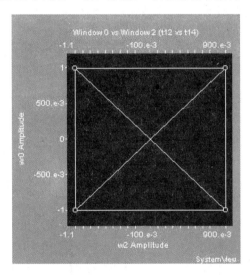

图 5-44　QPSK 相位转换图

5.2.3　最小频移键控调制

1. 分析内容

创建一个正交调制方式的最小频移键控调制（MSK）系统，被调载频为 1 000 Hz，以 PN 码作为二进制信源，码速率 $R_b = 100\,\mathrm{bit/s}$。分别观测其 I 通道和 Q 通道各个信号的波形、调制输出的 MSK 波形和功率谱。将得到的 MSK 功率谱与 GMSK 功率谱进行对照，将 QPSK、OQPSK、MSK 的相位转移图进行对比得出结论。

2. 分析目的

通过分析理解 MSK 正交调制的基本工作原理，明确 QPSK、OQPSK、MSK 的关系。

3. 系统组成

最小频移键控称为 MSK，它可视为一种特殊的相位连续 2FSK 信号，即保证两个频率键控信号正交的前提下，使用最小的频偏，此时必须满足

$$\Delta f = f_1 - f_0 = \frac{2}{2T_b}$$

式中，T_b 为 MSK 调制器输入的二进制码序列的码元周期（间隔）。MSK 信号可表示为正交信号形式，即

$$S_{MSK}(t) = A\big[I(t)\cos 2\pi f_c t - Q(t)\sin 2\pi f_c t\big]$$

$$I(t) = \sum_k a_n g\big[t - (2k-1)T_b\big]\cos\left(\frac{\pi t}{2T_b}\right)$$

$$Q(t) = \sum_k a_n g\big[t - 2kT_b\big]\sin\left(\frac{\pi t}{2T_b}\right)$$

其中，$\{a_n\}$ 为二进制码序列，$g(t)$ 为门函数。显然，MSK 也可视为一种特殊 2PSK 信号。

MSK 信号属于恒定包络调制信号，此处"恒定包络"的含义并非指产生的信号幅度包络恒定，而是指移相键控信号通过限带信道或非线性系统后，幅度包络几乎不产生 AM/PM 转换效应，这取决于移相键控信号在码元转换时刻的相位变化是否剧烈、相位路径是否连续平缓，因为相位特性直接影响信号的功率谱旁瓣是否快速收敛，信号能量是否集中等特性。事实上，现代数字通信要求以最小的信号功率付出和频带资源最高效率地利用进行数据传输，数字调制技术改进过程中的许多工作几乎就是围绕如何改进调制信号的相位路径特性进行的。MSK 信号是一种正交连续相位移频键控（CP－FSK）信号，在码元转换时刻无相位突变，且相位变化量仅为 90°。MSK 调制系统组成如图 5-45 所示。

OQPSK 称为"偏移四相移相键控"，它与 QPSK 的不同在于 Q 通道基带数字信号被延迟了一个二进制码元周期，即半个四进制码元周期，使相位变化量限制在 90°，改进了相位特性，但仍然不如 MSK 的相位特性好，这一点可通过后边的相位转移图看出。

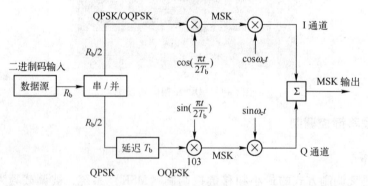

图 5-45　MSK 调制系统组成

4. 创建分析

第 1 步：进入 SystemView 系统视窗，设置"时间窗"参数如下所示。

① 运行时间：Start Time 设为 0 s；Stop Time 设为 0.04 s。

② 采样频率：Sample Rate = 10 000 Hz。

第 2 步：调用图符块创建图 5-46 所示的仿真分析系统，图中采用了与 QPSK 仿真系统不同的构造方式，即：

① 利用不同参数的数字延迟器（Token 2、3）、采样器（Token 1、4、5）和保持器（Token 6、7）构成"串/并转换器"。如果需要对数字方波信号进行延迟处理，必须保证"数字延迟器—采样器—保持器"级联使用，否则波形严重失真；数字延迟器的延迟量，按照它前边采样器适用的采样间隔的整数倍计算，故要对 Token 7 输出 QPSK 的 Q 分量延迟半个四进制码元周期（形成 OQPSK 的 Q 分量）时，不能再用数字延迟器，而要使用模拟延迟器（Token 8），其延迟量可自由确定，单位为 s。

② Token 17、18、19、20、21 这种图符块是第一次采用，它们来自 Sink 库，称为实时观测图符块（Real Time），利用它只能观察时域波形，放置该图符块的同时还出现一个波形显示框，将鼠标置于框内，单击右键，弹出一个操作菜单，可编辑显示框的底色、波形颜色及是否需要坐标线；用鼠标压住框可移动位置并可改变大小。如果使用 Real Time 块而不是 Analysis 块来观察时域波形，不必进入分析视窗，随着运算的进行，可直接观察时域波形。仿真系统中的主要图符块设置参数如表 5-2 所示。

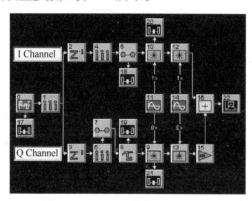

图 5-46　MSK 调制仿真分析系统

表 5-2　仿真系统中主要图符块参数设置

编　号	图符块属性 （Attribute）	类型 （Type）	参 数 设 置 （Parameters）
0	Source	PN Seq	Amp = 1 V，Offset = 0 V，Rate = 100 Hz，Level = 2，Phase = 0 deg
1	Operator	Sampler	Interpolating，Rate = 100 Hz
2	Operator	Smpl Delay	Fill Last Register，Delay = 2 Samples
3	Operator	Smpl Delay	Fill Last Register，Delay = 1 Samples
4，5	Operator	Sampler	Interpolating，Rate = 50 Hz
6，7	Operator	Hold	Last Value，Gain = 1，Out Rate = 10. e + 3 Hz
8	Operator	Delay	Non - Interpolating，Delay = 10. e - 3 sec
11	Source	Sinusoid	Amp = 1 V，Freq = 25 Hz，Phase = 90 deg
14	Source	Sinusoid	Amp = 1 V，Freq = 1 000 Hz，Phase = 0 deg
15	Operator	Gain	Gain Units = Linear，Gain = - 1
17～21	Sink	Real Time	—
22	Sink	Analysis	—

第 3 步：创建完仿真系统后，单击"运行"按钮，各个 Real Time 图符块的显示框中二进制数据信号及 OQPSK、MSK 的 I、Q 分量波形如图 5-47 所示。

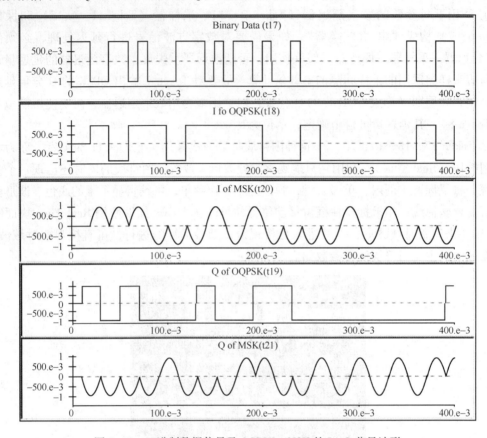

图 5-47　二进制数据信号及 OQPSK、MSK 的 I、Q 分量波形

第 4 步：观察 OQPSK 信号和 MSK 信号的相位转移图，并与 QPSK 信号的相位转移图进行对比，体会这些数字调制信号相位特性的改进过程。组合显示 Token 6 和 Token 8 输出波形为 OQPSK 相位转移图，组合显示 Token 10 和 Token 9 输出波形为 MSK 相位转移图，如图 5-48 所示。

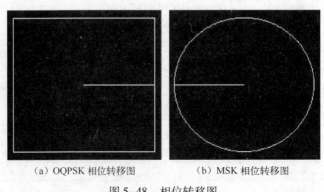

（a）OQPSK 相位转移图　　　　（b）MSK 相位转移图

图 5-48　相位转移图

将图 5-48 与图 5-44 对照可以看出，OQPSK 与 QPSK 相位转移图的区别在于没有了 180°的相位转移路径，相位特性得到改善，而 MSK 的相位转移路径是一个圆周，没有前两者的路径拐点，相位特性进一步得到改善。读者可以利用分析窗下的"动画模拟"按钮，使信号点活动起来，每个码元转换时刻，代表相位的信号点动作一次，非常形象逼真。

第 5 步：观察 MSK 信号的功率谱，如图 5-49（a）所示。MSK 信号的直接改进就是 GMSK 信号，在 GMSK 调制器中，首先将 OQPSK 的 I、Q 基带信号滤波形成为高斯形脉冲，然后进行 MSK 调制。由于形成后的高斯脉冲包络无陡峭的前后沿，也无拐点，因此相位特性进一步改善，其谱特性优于 MSK。GMSK 调制方式主要应用于移动通信中，并已确定为欧洲新一代移动通信的标准调制方式。

在创建的仿真分析系统的基础上，将通信库中的脉冲形成图符块设置为 Gausse 型形成器，再创建后边的正交调制部分，可得到 GMSK 的功率谱，并与得到的 MSK 功率谱合成显示在一个窗口内，如图 5-49（b）所示。明显可以看出，GMSK 功率谱较 MSK 功率谱旁瓣滚降迅速，信号能量更为集中。

此外，MSK 的时域波形是等幅的，在此就不特别给出了。

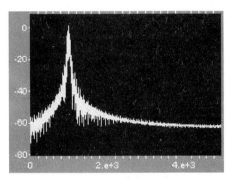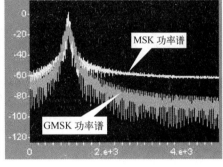

（a）MSK 功率谱　　　　　　　　　　（b）GMSK 功率谱

图 5-49　MSK、GMSK 功率谱

第6章 模拟信号数字化通信系统的建模仿真

6.1 基于 SystemView 的模拟信号数字化通信系统仿真

6.1.1 采样定理仿真

1. 分析内容

用 SystemView 建立一个低通采样定理（又称抽样定理）仿真电路，通过观察各个模块输出波形变化，理解低通采样定理原理。

2. 分析目的

(1) 熟悉使用 SystemView 软件，了解各部分功能模块的操作和使用方法。

(2) 通过实验进一步掌握低通采样定理的原理。

3. 分析要求

(1) 观察仿真电路中各个模块输出波形变化，理解低通采样定理原理。

(2) 调节采样速率的大小（$f = 80\,\text{Hz}$、$100\,\text{Hz}$、$200\,\text{Hz}$），观察低通滤波器输出波形变化，理解变化原因。

(3) 观察模拟信号与采样信号的功率谱密度，观察有何变化，说明原因。

4. 电路构成

用 SystemView 建立的低通采样定理仿真系统如图6-1所示。

参数设置：

Token 0：Source—Periodic—Sinusoid（幅度1V，频率50Hz，相位0°，产生模拟信号）。

Token 1：Multiplier。

Token 2：Source—Periodic—Pulse Train（幅度1V，频率100Hz，脉冲宽度0.000 001，偏移0V，相位0°，产生采样信号，采样速率可调）。

Token 4：Operator—Filters/Systems—Linear Sys Filters（选择：Analog—Lowpass—Butterworth，Lowcuttoff = 50，No of Poles = 3，产生一个模拟低通滤波器，滤除高频信号，保留低频

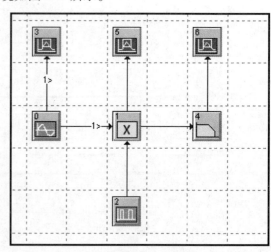

图6-1 低通采样定理仿真系统

112

信号，截止频率等于模拟信号最高频率）。

系统定时设置：Start Time 设为 0 s，Stop Time 设为 0.5 s，Sample Rate 设为 10 000 Hz。

5. 仿真输出波形

（1）输入模拟信号（Token 0 产生）如图 6-2 所示。

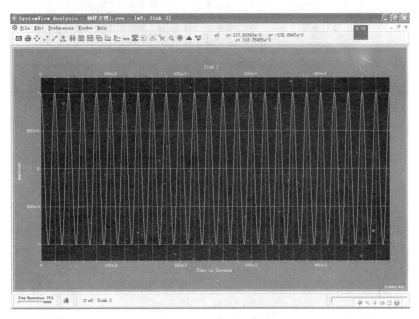

图 6-2 输入模拟信号

（2）采样脉冲（Token 2 产生）如图 6-3 所示。

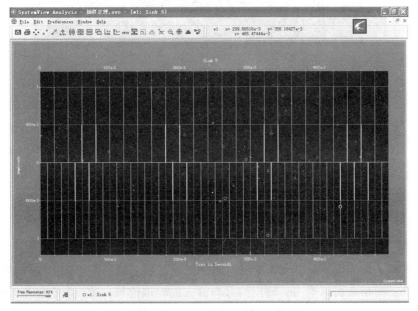

图 6-3 采样脉冲

（3）低通滤波器输出信号（Token 4 产生）如图 6-4 所示。

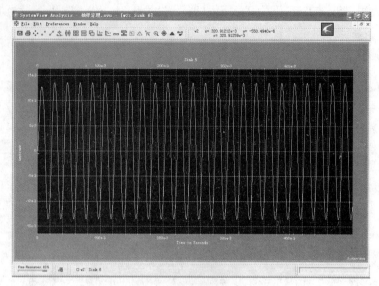

图 6-4　低通滤波器输出信号

（4）模拟信号功率谱如图 6-5 所示。

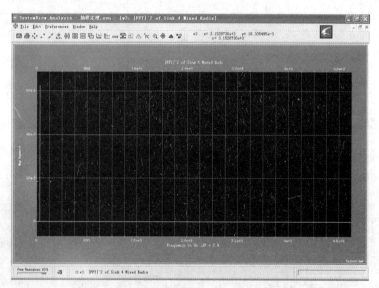

图 6-5　模拟信号功率谱

（5）采样信号功率谱如图 6-6 所示。

6. 仿真结果分析

当采样速率 =100 Hz（最小采样速率）时，低通滤波器输出信号如图 6-7 所示。
由图 6-7、图 6-2 可以看出，输出信号与输入的模拟信号一致，没有发生畸变。
当采样速率 <100 Hz 时（例如 f =80 Hz），低通滤波器输出信号如图 6-8 所示。
由图 6-2、图 6-8 可以看出，输出信号与输入的模拟信号不一致，发生了畸变。

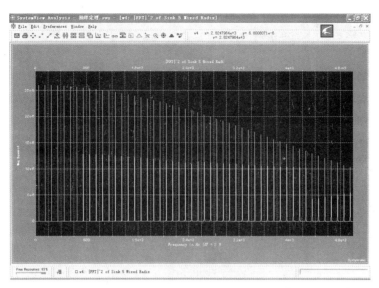

图 6-6　采样信号功率谱

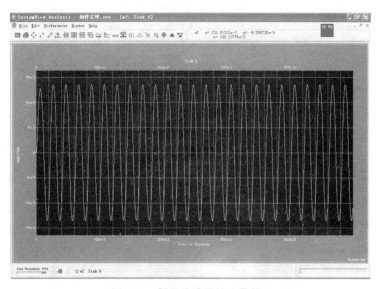

图 6-7　低通滤波器输出信号 1

当采样速率 $> 100\,\text{Hz}$ 时（例如 $f = 200\,\text{Hz}$），低通滤波器输出信号如图 6-9 所示。

由图 6-2、图 6-9 可以看出，输出信号与输入的模拟信号一致，不发生畸变，从而验证了采样定理，即：

对一个频带限制在 $(0, f_{\text{H}})$ 内的时间连续信号 $m(t)$，如果以 $1/(2f_{\text{H}})$ 的间隔对其进行等间隔采样，则 $m(t)$ 将被所得到的采样值完全确定，即采样速率大于等于信号带宽的两倍时，就可保证不会产生信号的混叠，$1/(2f_{\text{H}})$ 是采样的最大间隔，又称奈奎斯特间隔。

由上面的仿真实验结果可以看出，当采样频率小于奈奎斯特频率时，在接收端恢复的信号失真比较大，这是因为存在频谱混叠；当采样频率大于或等于奈奎斯特频率时，恢复信号与原信号基本一致。理论上，理想的采样频率为 2 倍的奈奎斯特带宽，但实际工程应用中，

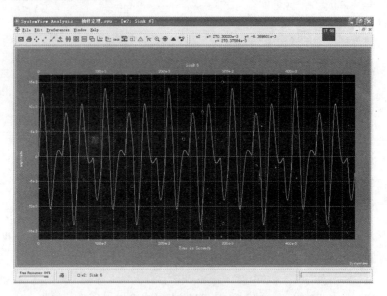

图 6-8　低通滤波器输出信号 2

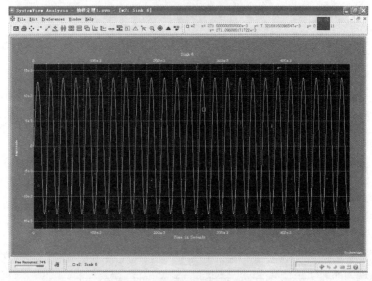

图 6-9　低通滤波器输出信号 3

限带信号绝不会严格限带，且实际滤波器特性并不理想，通常选取采样频率为 $(2.5 \sim 5)f_\mathrm{H}$，以避免失真。例如，普通的话音信号限带为 3 300 Hz 左右，而采样频率则通常选 8 kHz。

观察模拟信号与采样信号的功率谱密度，由图 6-5 和图 6-6 可以看出，模拟信号功率谱密度在 $f=50$ Hz 处有一个冲激响应，而采样信号的功率谱密度是模拟信号的功率谱密度在 n 倍采样频率上的频谱搬移（$n=0$，1，$2\cdots$），并且包络为 $Sa(x)$ 的函数。

6.1.2　低通与带通采样定理仿真与验证

1. 分析内容

按照低通采样定理与带通采样定理，分别对构造的低通型信号和带通型信号、两种采样后的信号及滤波重建信号进行时域和频域观察，形象地给出低通采样定理与带通采样定理。

2. 分析目的

通过分析验证低通采样定理与带通采样定理。

3. 系统组成及原理

采样定理实质上研究的是随时间连续变化的模拟信号经采样变成离散序列后，能否由此离散序列值重建原始模拟信号的问题。对于低通型和带通型模拟信号，分别对应不同的采样定理，采样定理是模拟信号数字化的理论基础。

对上限频率为 f_H 的低通型信号，低通采样定理要求采样频率应满足：

$$f_s \geqslant 2f_H$$

对下限频率为 f_L、上限频率为 f_H 的带通型信号，带通采样定理要求采样频率满足：

$$f_s \geqslant 2B \cdot \left[1 + \frac{k}{n}\right]$$

式中，$B = f_H - f_L$ 为信号带宽，n 为正整数，$0 \leqslant k < 1$。

应该注意的是，当 $f_H = nB$ 时，无论带通型信号的 f_L 和 f_H 为何值，只需将采样频率设定在 $2B$，理论上就不会发生采样后的频谱重叠，而不像低通采样定理要求必须为上限频率的 2 倍以上，仿真分析系统将按照图 6-10 所示结构创建。

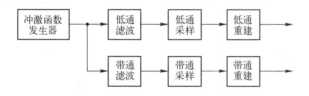

图 6-10　仿真分析系统结构

其中，对于恒定频谱的冲激函数，通过低通滤波产生低通型信号，再进行低通采样；通过带通滤波产生带通型信号，再进行带通滤波产生带通采样，最后分别滤波重建原始信号。

仿真分析时，设低通滤波器的上限频率为 10 Hz，带通滤波器下限频率为 100 Hz、上限频率为 120 Hz，低通采样频率选为 30 Hz；带通型信号上限频率 $f_H = 6 \times 20 = 120$ Hz（$B = 20$ Hz，$n = 6$），带通采样频率至少应取 40 Hz，现取 60 Hz 的带通采样频率。

4. 创建分析

第 1 步：进入 SystemView 系统视窗，设置"时间窗"参数如下所示。

① 运行时间：Start Time 设为 0 s；Stop Time 设为 0.4 s；

② 采样频率：Sample Rate = 1 000 Hz。

第 2 步：在 SystemView 系统窗下，创建的仿真分析系统如图 6-11 所示，仿真系统中各图符块的参数设置如表 6-1 所示。

第 3 步：创建完仿真系统后，单击运行按钮，首先观

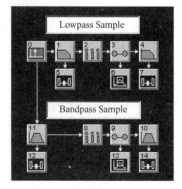

图 6-11　SystemView 仿真分析系统

察时域波形，4 个 Real Time 图符块显示框中的波形如图 6-12 所示，2 个重建信号（Token 7，14）的时延是由重建滤波器时延造成的。

表6-1 仿真系统图符块参数设置

编号	图符块属性 （Attribute）	类型 （Type）	参 数 设 置 （Parameters）
0	Source	Impulse	Gain = 10，Start = 0 sec，Offset = 0 V
1	Operator	Linear Sys	Butterworth，Lowpass IIR，7 Poles，Fc = 10 Hz
2	Operator	Sampler	Interpolating，Rate = 30 Hz
3	Operator	Hold	Last Value，Gain = 1，Out Rate = 1. e + 3 Hz
4	Operator	Linear Sys	Butterworth，Lowpass IIR，7 Poles，Fc = 15 Hz
5	Sink	Real Time	（用于系统窗下直接观察低通型信号波形）
6	Sink	Analysis	—
7	Sink	Real Time	（用于系统窗下直接观察低通型重建信号波形）
8	Operator	Sampler	Interpolating，Rate = 60 Hz
9	Operator	Hold	Last Value，Gain = 5，Out Rate = 1. e + 3 Hz
10	Operator	Linear Sys	Chebshev bandpass IIR，9 poles，Low Fc = 190 Hz，Hi Fc = 230 Hz
11	Operator	Linear Sys	Butterworth，Bandpass IIR，5 Poles，Low Fc = 200 Hz，Hi Fc = 220 Hz
12	Sink	Real Time	（用于系统窗下直接观察带通型信号波形）
13	Sink	Analysis	—
14	Sink	Real Time	（用于系统窗下直接观察带通型重建信号波形）

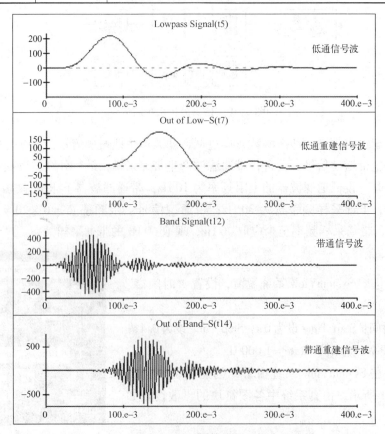

图 6-12 4 个 Real Time 图符块显示框中的波形

第 4 步：观察低通信号采样前后信号（Token 5，6）和重建信号（Token 7）的功率谱，如图 6-13 所示。观察带通信号采样前后信号（Token 12，13）和重建信号（Token 14）的功率谱，如图 6-14 所示。

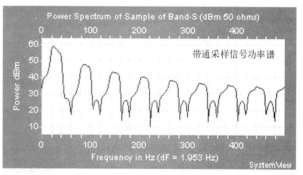

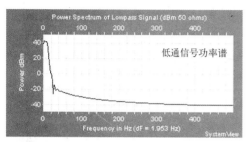

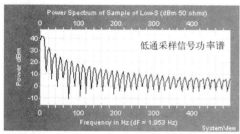

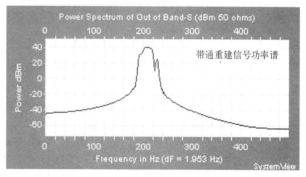

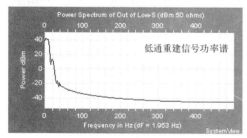

图 6-13　低通采样前后、重建信号功率谱　　　　图 6-14　带通采样前后、重建信号功率谱

6.1.3　脉冲编码调制建模与仿真

现代通信系统中，以 PCM 为代表的编码调制技术被广泛地应用于模拟信号的数字传输中，除 PCM 外，DPCM 和 ADPCM 的应用范围更广。PCM 的主要优点是：抗干扰能力强，失真小，传输特性稳定，尤其在远距离信号再生中继时噪声不累积，而且可以采用压缩编码、纠错编码和保密编码等来提高系统的有效性、可靠性和保密性，另外，PCM 还可以在一个信道上将多路信号进行时分复用传输。

脉冲编码调制（PCM）是把模拟信号变换为数字信号的一种调制方式，其最大的特点是：把连续输入的模拟信号变换为在时域和振幅上都离散的量，然后将其转化为代码形式进行传输。

PCM 编码通过采样、量化、编码 3 个步骤将连续变化的模拟信号转换为数字编码。为了便于用数字电路实现，其量化电平数一般为 2 的整数次幂，这样可将模拟信号量化为二进制编码形式。当采用均匀量化时，其抗噪声性能与量化级数有关，每增加一位编码，其信噪比增加约 6 dB，但电路的复杂程度也随之增加，占用带宽也越宽，因此实际采用的量化方式多为非均匀量化。通常情况下，是采用信号压缩与扩张技术来实现非均匀量化，就是在保持信号固有的动态范围的前提下，在量化前将小信号进行放大，而将大信号进行压缩。通常的压缩方法有 13 折线 A 律和 μ 律两种标难，国际通信中多采用 A 律，采用信号压缩后，用 8 位编码就可以表示均匀量化 11 位编码时才能表示的动态范围，这样能有效地提高小信号编码时的信噪比。

1. 分析要求

画出脉冲编码调制（PCM）系统原理框图，根据系统的工作原理，利用 SystemView 软件创建 PCM 编码器和译码器模块系统并进行仿真，观察仿真波形。

2. 系统组成及原理

SystemView 仿真软件可以实现多层次的通信系统仿真，脉冲编码调制（PCM）是现代语音通信中数字化的重要编码方式，利用 SystemView 实现 PCM 仿真，可以为硬件电路实现提供理论依据，通过仿真展示了 PCM 编码实现的设计思路及具体过程，并加以进行分析。

PCM 即脉冲编码调制，在通信系统中完成将语音信号数字化功能，PCM 的实现主要包括 3 个步骤完成：采样、量化、编码，分别完成时间上离散、幅度上离散及量化信号的二进制表示。根据 CCITT 的建议，为改善小信号量化性能，采用压扩非均匀量化，有两种建议方式，分别为 A 律和 μ 律方式，我国采用了 A 律方式，由于 A 律压缩实现复杂，常使用 13 折线法编码，采用非均匀量化 PCM 编码示意图如图 6-15 所示。

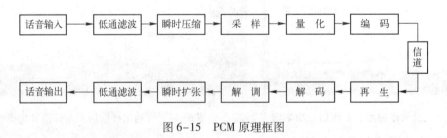

图 6-15　PCM 原理框图

下面将逐一介绍 PCM 编码中采样、量化及编码的原理。

1）采样

所谓采样，就是对模拟信号进行周期性扫描，把时间上连续的信号变成时间上离散的信号。该模拟信号经过采样后还应当包含原信号中所有信息，也就是说能无失真地恢复原模拟信号，它的采样速率的下限是由采样定理确定的。

2）量化

从数学上来看，量化就是把一个连续幅度值的无限数集合映射成一个离散幅度值的有限数集合，如图 6-16 所示，量化器 Q 输出 L 个量化值 y_k，$k = 1$，2，3，…，L，y_k 常称为重建电平或量化电平。当量化器输入信号幅度 x 落在 x_k 与 x_{k+1} 之间时，量化器输出电平为 y_k。这个量化过程可以表达为 $y = Q(x) = Q\{x_k < x \le x_{k+1}\} = y_k, k = 1,2,3,\cdots,L$，这里 x_k 称为分层电平或判决阈值，通常 $\Delta_k = x_{k+1} - x_k$ 称为量化间隔。

模拟信号的量化分为均匀量化和非均匀量化。由于均匀量化存在的主要缺点是：无论采样值大小如何，量化噪声的均方根值都固定不变。因此，当信号较小时，则信号量化噪声功率比也就很小，这样，对于弱信号时

图 6-16 模拟信号的量化

的量化信噪比就难以达到给定的要求。通常，把满足信噪比要求的输入信号取值范围定义为动态范围，可见，均匀量化时的信号动态范围将受到较大的限制，为了克服这个缺点，实际中，往往采用非均匀量化。

非均匀量化是根据信号的不同区间来确定量化间隔的。对于信号取值小的区间，其量化间隔 Δv 也小；反之，量化间隔就大。它与均匀量化相比，有两个突出的优点。首先，当输入量化器的信号具有非均匀分布的概率密度（实际中常常是这样）时，非均匀量化器的输出端可以得到较高的平均信号量化噪声功率比；其次，非均匀量化时，量化噪声功率的均方根值基本上与信号采样值成比例。因此量化噪声对大、小信号的影响大致相同，即改善了小信号时的量化信噪比。

实际中，非均匀量化通常是将采样值经过压缩器后再进行均匀量化，其中压缩器大多采用对数式压缩，广泛采用的两种对数压缩律是 μ 压缩律和 A 压缩律。美国采用 μ 压缩律，我国和欧洲各国均采用 A 压缩律，因此，PCM 编码方式采用的也是 A 压缩律。

所谓 A 压缩律也就是压缩器具有如下特性的压缩律：

$$y = \frac{Ax}{1 + \ln A}, \quad 0 < x \le \frac{1}{A}$$

$$y = \frac{1 + \ln Ax}{1 + \ln A}, \quad \frac{1}{A} \le x < 1$$

A 律压扩特性是连续曲线，A 值不同压扩特性亦不同，在电路上实现这样的函数规律是相当复杂的。实际中，往往都采用近似于 A 律函数规律的 13 折线（A = 87.6）的压扩特性，这样，它基本上保持了连续压扩特性曲线的优点，又便于用数字电路图 A 律函数 13 折线电路实现，本设计中所用到的 PCM 编码正是采用这种压扩特性来进行编码的，表 6-2 列出了 13 折线时的 x 值与计算 x 值的比较。

表 6-2 13 折线时的 x 值与计算 x 值的比较

y	0	$\frac{1}{8}$	$\frac{2}{8}$	$\frac{3}{8}$	$\frac{4}{8}$	$\frac{5}{8}$	$\frac{6}{8}$	$\frac{7}{8}$	1
x	0	$\frac{1}{128}$	$\frac{1}{60.6}$	$\frac{1}{30.6}$	$\frac{1}{15.4}$	$\frac{1}{7.79}$	$\frac{1}{3.93}$	$\frac{1}{1.98}$	1
按折线分段时的 x	0	$\frac{1}{128}$	$\frac{1}{64}$	$\frac{1}{32}$	$\frac{1}{16}$	$\frac{1}{8}$	$\frac{1}{4}$	$\frac{1}{2}$	1
段落	1	2	3	4	5	6	7	8	
斜率	16	16	8	4	2	$\frac{1}{2}$	$\frac{1}{4}$		

表 6-2 中第二行的 x 值是根据 $A=87.6$ 时计算得到的，第三行的 x 值是 13 折线分段时的值。可见，13 折线各段落的分界点与 $A=87.6$ 曲线十分逼近，同时 x 按 2 的幂次分割有利于数字化。

3）编码

所谓编码就是把量化后的信号变换成代码，其相反的过程称为译码。当然，这里的编码和译码与差错控制编码和译码是完全不同的，前者是属于信源编码的范畴。

在现有的编码方法中，若按编码的速度来分，大致可分为两大类：低速编码和高速编码。通信中一般都采用第二类。编码器的种类大体上可以归结为 3 类：逐次比较型、折叠级联型、混合型。在逐次比较型编码方式中，无论采用几位码，一般均按极性码、段落码、段内码的顺序排列。下面结合 13 折线的量化来加以说明。

在 13 折线法中，无论输入信号是正是负，均按 8 段折线（8 个段落）进行编码。若用 8 位折叠二进制码来表示输入信号的采样量化值，其中用第一位表示量化值的极性，其余 7 位（第 $2 \sim 8$ 位）则表示采样量化值的绝对大小。具体的做法是：用第 $2 \sim 4$ 位表示段落码，它的 8 种可能状态来分别代表 8 个段落的起点电平，其他 4 位表示段内码，它的 16 种可能状态来分别代表每一段落的 16 个均匀划分的量化级，这样处理的结果是 8 个段落被划分成 $2^7=128$ 个量化级，段落码和 8 个段落之间的关系如表 6-3 所示，段内码与 16 个量化级之间的关系如表 6-4 所示。

表 6-3　段　落　码

段 落 序 号	段 落 码	段 落 序 号	段 落 码
8	111	4	011
7	110	3	010
6	101	2	001
5	100	1	000

表 6-4　段　内　码

量 化 级	段 内 码	量 化 级	段 内 码
15	1111	7	0111
14	1110	6	0110
13	1101	5	0101
12	1100	4	0100
11	1011	3	0011
10	1010	2	0010
9	1001	1	0001
8	1000	0	0000

PCM 编译码器的实现可以借鉴单片 PCM 编码器集成芯片，如：TP3067A、CD22357 等。单芯片工作时只需给出外围的时序电路即可实现，考虑到实现细节，仿真时将 PCM 编译码器分为编码器和译码器模块分别实现。

3. PCM 仿真模型创建

1）信号源子系统

由 3 个幅度相同、频率不同的正弦信号（Token 7、8、9）合成，如图 6-17 所示。

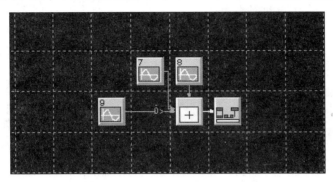

图 6-17　信号源子系统的组成

2）PCM 编码器模块

（1）PCM 编码器模型。PCM 编码器模块主要由信号源（Token 7）、低通滤波器（Token 15）、瞬时压缩器（Token 16）、A/D 转换器（Token 8）、并/串转换器（Token 10）、输出端子（Token 9）构成，实现模型如图 6-18 所示。

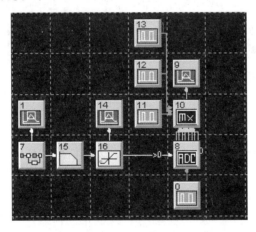

图 6-18　PCM 编码器模块

信源信号经过 PCM 编码器低通滤波器（Token 15）完成信号频带过滤，由于 PCM 量化采用非均匀量化，还要使用瞬时压缩器实现 A 律压缩后再进行均匀量化，A/D 转换器（Token 8）完成采样及量化，由于 A/D 转换器的输出是并行数据，必须通过数据选择器（Token 10）完成并/串转换成串行数据，最后通过 Token 9 输出 PCM 编码信号。

（2）PCM 编码器组件功能实现：

① 低通滤波器：为实现信号的语音频率特性，考虑到滤波器在通带和阻带之间的过渡，采用了低通滤波器，而没有设计带通滤波器。为实现信号在 300 ～ 3 400 Hz 的语音频带内，在这里采用了一个阶数为 3 阶的切比雪夫滤波器，其具有在通带内等波纹、阻带内单调的特性。

② 瞬时压缩器：瞬时压缩器（Token 16）使用了我国现采用的 A 律压缩，注意在译码时扩张器也应采用 A 律解压。对比压缩前后时域信号（见图 6-19，图 6-20），明显看到对数压缩时小信号明显放大，而大信号被压缩，从而提高了小信号的信噪比，这样可以使用较少位数的量化满足语音传输的需要。

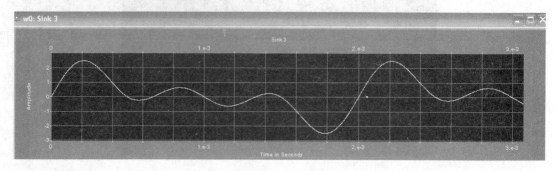

图 6-19　压缩前

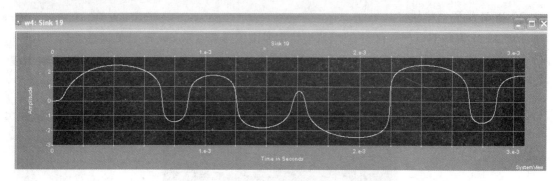

图 6-20　压缩后

③ A/D 转换器：完成经过瞬时压缩后信号时间及幅度的离散，通常认为语音的频带在 300 ~ 3 400 Hz，根据低通采样定理，采样频率应大于信号最高频率两倍以上，在这里 A/D 转换的采样频率为 8 Hz 即可满足，均匀量化电平数为 256 级量化，编码用 8 bit 表示，其中第一位为极性表示，这样产生了 64 kbit/s 的语音压缩编码。

④ 数据选择器：Token 10 为带使能端的 8 路数据选择器，与 74151 功能相同，在这里完成 A/D 转换后的数据的并/串转换，Token 11、12、13 为选择控制端，在这里控制轮流输出并行数据为串行数据，通过数据选择器还可以实现码速转换功能。

3）PCM 译码器模块

（1）PCM 译码器模型。PCM 译码器是实现 PCM 编码的逆系统，PCM 译码器模块主要由 ADC 出来的 PCM 数据输出端、D/A 转换器、瞬时扩张器、低通滤波器构成。实现模型如图 6-21 所示。

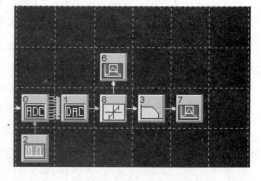

图 6-21　PCM 译码器

（2）PCM 译码器组件功能实现：

① D/A 转换器（Token 1）：用来实现与 A/D 转换相反的过程，实现数字量转化为模拟量，从而达到译码最基本的要求。

② 扩张器（Token 8）：实现与瞬时压缩器相反的功能，由于采用 A 律压缩，扩张也必须采用 A 律瞬时扩张器。

③ 滤波器（Token 3）：由于采样脉冲不可能是理想冲激函数会引入孔径失真，量化时也会带来量化噪声，及信号再生时引入的定时抖动失真，需要对再生信号进行幅度及相位的补偿，同时滤除高频分量，在这里使用与编码模块中相同的低通滤波器。

4）PCM 编、译码仿真模型

整个系统仿真模型如图 6-22 所示，其中包括上述的信号源子系统、PCM 编码器与 PCM 译码器模块。

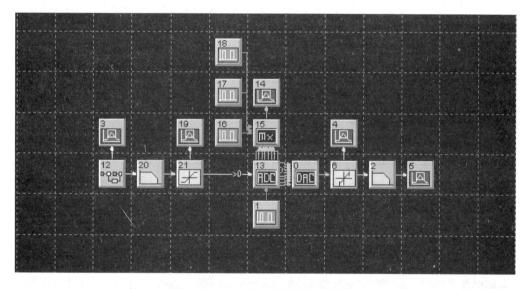

图 6-22　PCM 编、译码仿真系统模型

子系统（Token 12）如图 6-23 所示。

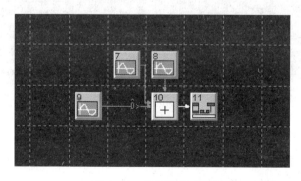

图 6-23　信号源子系统

图 6-22、图 6-23 各图符的有关参数如表 6-5 所示。

表6-5　有关参数

编　号	名　称	参数设置
12	子系统	—
7	Sinusoid	Amp = 1 V，Freq = 1e + 3 Hz，Phase = 0 deg，Output 0 = Sine t4，Output 1 = Cosine
8	Sinusoid	Amp = 1 V，Freq = 1.5e + 3 Hz，Phase = 0 deg，Output 0 = Sine t4，Output 1 = Cosine
9	Sinusoid	Amp = 1 V，Freq = 500 Hz，Phase = 0 deg，Output 0 = Sine t4，Output 1 = Cosine
10	Adder	Inputs from 7 8 9，Outputs to 11
11	Meta Out	Input from10 Output to 3 20
3, 4, 5, 14, 19	Analysis	—
13	Logic：ADC	Two's Complement，Gate Delay = 0 sec，Threshold = 500e − 3 V，True Output = 1 V，False Output = 0 V，No. Bits = 8，Min Input = − 2.5 V，Max Input = 2.5 V，Rise Time = 0 sec，Analog = t21 Output 0，Clock = t1 Output 0
0	Logic：DAC	Two's Complement，Gate Delay = 0 sec，Threshold = 500e − 3 No. Bits = 8，Min Output = − 2.5 V，Max Output = 2.5 V，D − 0 = t13 Output 0，D − 1 = t13 Output 1，D − 2 = t13 Output 2，D − 3 = t13 Output 3，D − 4 = t13 Output 4
2, 20	Operator：Linear Sys Butterworth Lowpass IIR	3 Poles，Fc = 1.8e + 3 Hz，Quant Bits = None，Init Cndtn = Transient，DSP Mode Disabled
1, 18	Source：Pulse Train	Amp = 1 V，Freq = 10e + 3 Hz，PulseW = 20. e − 6 sec，Offset = 0 V，Phase = 0 deg
21	Comm：DeCompand	A − Law，Max Input = ± 2.5
6	Comm：Compander	A − Law，Max Input = ± 2.5
16	Source：Pulse Train	Amp = 1 V，Freq = 30e + 3 Hz，PulseW = 20. e − 6 sec，Offset = 0 V，Phase = 0 deg
17	Source：Pulse Train	Amp = 1 V，Freq = 20e + 3 Hz，PulseW = 20. e − 6 sec，Offset = 0 V，Phase = 0 deg
15	Logic：Mux − D − 8	Gate Delay = 0 sec，Threshold = 500. e − 3 v，True Output = 1 V，False Output = 0

4. PCM 仿真波形

（1）信号源波形如图6-24所示。

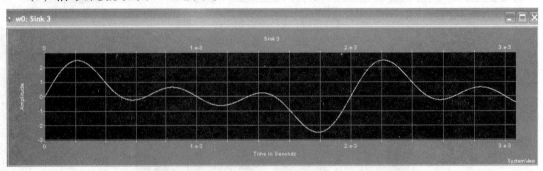

图6-24　信号源波形

（2）信号源经压缩后的波形如图6-25所示。

（3）PCM 编码波形如图6-26所示。

（4）PCM 译码时经过 D/A 转换并用 A 律扩张后的输出波形如图6-27所示。

（5）译码后恢复源信号的输出波形如图6-28所示。

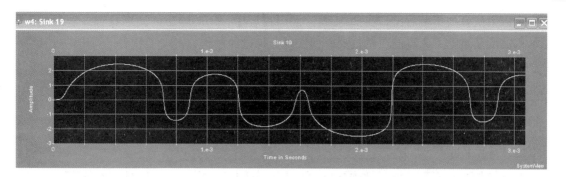

图 6-25　信号源经压缩后的波形

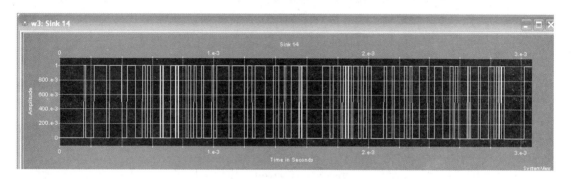

图 6-26　PCM 编码波形

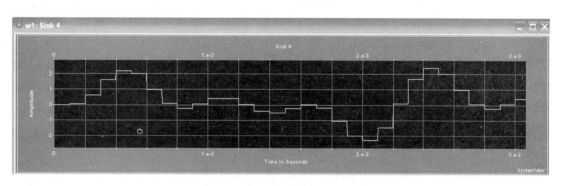

图 6-27　A 律扩张后的输出波形

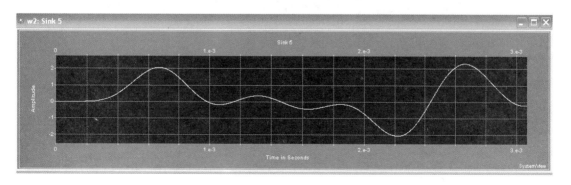

图 6-28　译码后恢复源信号的输出波形

由以上仿真波形可看出，在 PCM 编、译码过程中，译码输出的波形具有一定的延迟现象，其波形基本上不失真的在接收端得到恢复，传输的过程中实现了数字化的传输过程。

6.2　基于 MATLAB/Simulink 的模拟信号数字化通信系统仿真

6.2.1　A/D 及 D/A 转换器的仿真

A/D 转换负责将模拟信号转换为数字信号，其转换过程是：首先对输入的模拟信号进行采样，所使用的采样速率要满足采样定理的要求，然后对采样结果进行幅度离散化（量化）并编码为符号串，一般输出为二进制序列。D/A 转换的功能与 A/D 转换相反，它将输入的数字序列转换为模拟信号，其转换过程为：将输入的数字序列恢复为相应电平的采样值序列，然后通过满足采样定理要求的低通滤波器恢复模拟信号。A/D 转换采用平顶采样技术，所以恢复模拟信号存在高频段的失真，若对恢复信号质量要求严格，需采用均衡器来补偿这种孔径失真。A/D 转换器件的输出数据形式可以是并行的，也可以是串行的。

【实例 6-1】　对串行和并行输出的 8 位 A/D 和 D/A 转换器进行仿真，转换值范围为 0 ~ 255，转换采样率为 1 次/s。

Simulink 的通信模块库提供了 Integer Bit Converter 模块可以将 $0 \sim 2^M - 1$ 之间的整数转换为长度为 M bit 的二进制数据输出，同时也提供了反向转换模块 Bit to Integer Converter 将比特数据转换为整数值，利用这两个模块，结合零阶保持器模块作为采样保持模型，量化器模块 Quantizer 作为量化模型，就可对 A/D 和 D/A 过程进行建模。

测试模型和仿真结果数据如图 6-29 所示，其中设置零阶保持器采样时间间隔为 1 s，量化器模块 Quantizer 的量化间隔为 1。可见，发送信号为常数 18.6 时，零阶保持器每隔 1 s 采样一次，量化器将采样输出结果进行四舍五入量化，得到整数值 19，Integer to Bit Converter 模块的转换比特数设置为 8，进行 8 bit 转换。转换输出为比特序列 00010011，从 Display 模

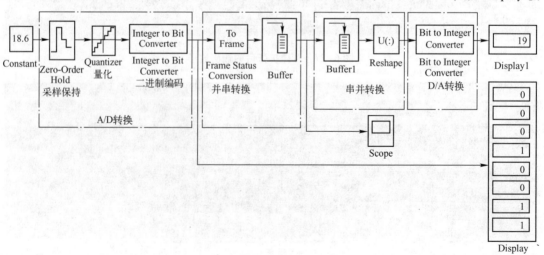

图 6-29　A/D 和 D/A 转换器模型

块显示出来。经过并串转换后得出高速率的串行传输二进制数据流。

示波器显示了传输数据流的波形，如图 6-30 所示。串行数据经过串并转换还原为 8 bit 并行数据后，送入 Bit to Integer Converter，它的转换比特数也要设置为 8，这样就将 8 位并行二进制数据转换为整数值。然后通过 Display1 显示出来。D/A 输出结果与原信号值之间存在误差，这是由于量化器四舍五入过程中产生的，称为量化误差或量化噪声。

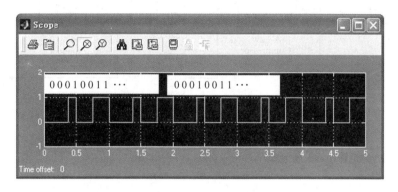

图 6-30　比特串行 A/D 转换器输出数据流波形：转换值为常数 19，
转换采样率为 1 次/s，故波形以 1s 周期重复

6.2.2　PCM 编码与译码建模与仿真

1. 信号的压缩和扩张

为了保证在足够大的动态范围内数字电话话音具有足够高的信噪比（如 26 dB 以上），人们提出一种非均匀量化的思想：在小信号时采用较小的量化间距，而在大信号时采用大的量化间距。在数学上，非均匀量化等价为对输入信号进行动态范围压缩后再进行均匀量化。

压缩器完成对输入信号的动态范围压缩：小信号通过压缩器时，增益大；而大信号通过压缩器时，增益小，这样就使小信号在均匀量化之前得到较大的放大，等价于以较小间距直接对小信号进行量化，而以较大间距对大信号量化。对应于发送端的压缩处理，在接收端要进行相应的反变换—扩张处理，以补偿压缩过程引起的信号非线性失真，压缩扩张分为 A 律和 μ 律两种方式。中国和欧洲的 PCM 数字电话系统采用 A 律压扩方式，美国和日本则采用 μ 律方式。设归一化的话音输入信号为 $x \in [-1, 1]$，则 A 律压缩器的输出信号 y 是

$$y = \begin{cases} \dfrac{Ax}{1 + \ln A}, & |x| \le \dfrac{1}{A} \\ \dfrac{\operatorname{sgn}(x)}{1 + \ln A}(1 + \ln A|x|), & \dfrac{1}{A} < |x| \le 1 \end{cases}$$

其中，$\operatorname{sgn}(x)$ 为符号函数。A 律 PCM 数字电话系统国际标准中，参数 $A = 87.6$。

Simulink 通信库中提供了 A – Law Compressor、A – Law Expander 以及 Mu – Law Compressor 和 Mu – Law Expander 来实现 A 律和 μ 律压缩扩张计算。

【实例6-2】　对 A 律压缩扩张模块和均匀量化器实现非均匀量化过程的仿真，观察量化前后的波形。

仿真模型如图6-31所示，其中量化器的量化级为 8 级，A – Law Compressor 模块和 A – Law Expander 模块的 A 律压缩系数为 87.6。输入信号为 0.5 Hz 的锯齿波，幅度为 1。

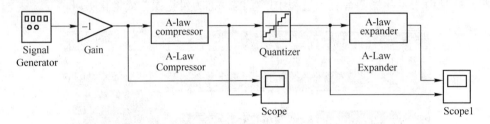

图6-31　A 律压缩和均匀量化实现非均匀量化的测试模型

仿真输出波形如图6-32所示。

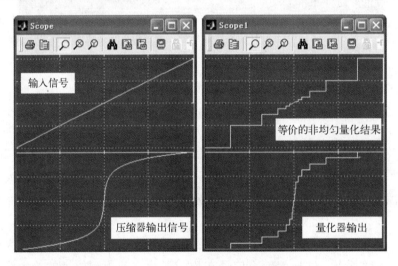

图6-32　A 律压缩和均匀量化实现非均匀量化的仿真结果

2. PCM 编码和解码

PCM 是脉冲编码调制的简称，是现代数字电话系统的标准语音编码方式。A 律 PCM 数字电话系统中规定：传输话音信号频段为 300 ～ 3 400 Hz，采样率为 8 000 次/s，对样值进行 13 折线压缩后编码为 8 bit 二进制数字序列。因此，PCM 编码输出的数码速率为 64 kbit/s。

PCM 编码输出的二进制序列中，每个样值用 8 位二进制码表示，其中最高比特位表示样值的正负极性，规定负值用 "0" 表示，正值用 "1" 表示。接下来 3 位表示样值的绝对值所在的 8 段折线的段落号，最后 4 位是样值处于段落内 16 个均匀间隔上的间隔序号。在数学上，PCM 编码的低 7 位相当于对样值的绝对值进行 13 折线近似压缩后的 7 bit 均匀量化编码输出。

【**实例 6-3**】 设计一个 13 折线近似的 PCM 编码器模型，能够对取值在[−1,1]内的归一化信号样值进行编码。

测试模型和仿真结果如图 6-33 所示。其中以 Saturation 作为限幅器，将输入信号幅度值限制在 PCM 编码的定义范围内，Relay 模块的门限设置为 0，其输出即可作为 PCM 编码输出的最高位——极性码。样值取绝对值后，以 Simulink 中的 Look–Up Table 查表模块进行 13 折线压缩从而实现对 13 段折线近似的压缩扩张计算的建模，并用增益模块将样值范围放大到 0 ~ 127 内，然后用间距为 1 的 Quantizer 进行四舍五入取整，最后将整数编码为 7 bit 二进制序列，作为 PCM 编码的低 7 位。可以将该模型中虚线所围部分封装为一个 PCM 编码子系统备用。

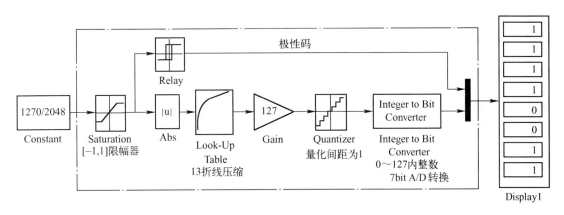

图 6-33 13 折线近似的 PCM 编码器测试模型和仿真结果

【**实例 6-4**】 设计并测试一个对应于上面实例编码器的 PCM 解码器。

测试模型和仿真结果如图 6-34 所示，其中 PCM 编码子系统就是图 6-33 中虚线所围部分。PCM 解码器中首先分离并行数据中的最高位（极性码）和 7 位数据，然后将 7 位数据转换为整数值，再进行归一化、扩张后与双极性的极性码相乘得出解码值。可以将该模型中虚线所围部分封装为一个 PCM 解码子系统备用。

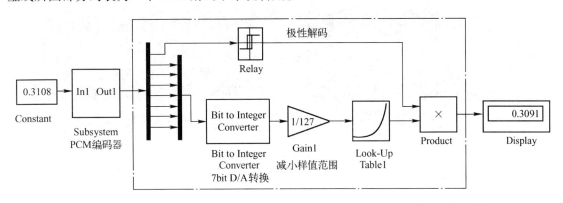

图 6-34 13 折线近似的 PCM 解码器测试模型和仿真结果

【**实例 6-5**】 在以上两个实例的基础上，建立 PCM 串行传输模型，并在传输信道中加入指定错误概率的随机误码。

仿真模型如图6–35所示，其中PCM编码和解码子系统内部结构参见上面两个实例。PCM编码输出经过并串转换后得到二进制码流送入二进制对称信道。在解码端信道输出的码流经过串并转换后送入PCM解码，之后输出解码结果并显示波形。模型中没有对PCM解码结果作低通滤波处理，但实际系统中PCM解码输出总是经过低通滤波后送入扬声器的。

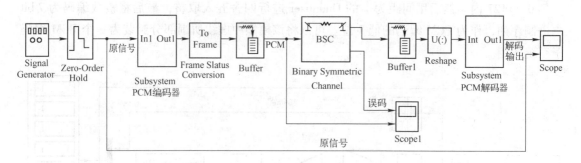

图6–35　PCM串行传输模型

仿真采样率必须是仿真模型中最高信号速率的整数倍，这里模型中信道传输速率最高，为64 kbit/s，故设置仿真步进为1/64 000 s。信道错误比特率设为0.01，以观察信道误码对PCM传输的影响。仿真结果波形如图6–36所示，传输信号为200 Hz正弦波，解码输出存在延迟。对应于信道产生误码的位置，解码输出波形中出现了干扰脉冲，干扰脉冲的大小取决于信道中错误比特位于一个PCM编码字串中的位置，位于最高位（极性）时将导致解码值极性错误，这时引起的干扰最大，而位于最低位的误码引起的干扰最轻微。

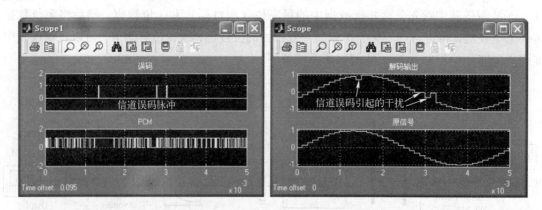

图6–36　PCM串行传输仿真结果

6.2.3 增量调制仿真

增量调制（ΔM）是DPCM的一种简化形式。在增量调制方式下，采用1比特量化器，即用1位二进制码传输样值的增量信息，预测器是一个单位延迟器，延迟一个采样时间间隔。预测滤波器的分子系数向量是 $[0,1]$，分母系数为 1。当前样值与预测器输出的前一样值相比较，如果其差值大于零，则发 "1" 码，如果小于零则发 "0" 码。增量调制系统框图如图 6-37 所示，其中量化器是一个零值比较器，根据输入的电平极性，输出为 $\pm\delta$，预测器是一个单位延迟器，其输出为前一个采样时刻的解码样值，编码器也是一个零值比较器，若其输入为负值，则编码输出为 "0"，否则输出 "1"。解码器将输入 "1"，"0" 符号转换为 $\pm\delta$，然后与预测值相加后得出解码样值输出，同时也作为预测器的输入。

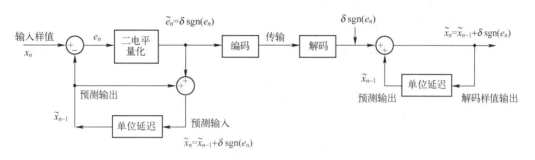

图 6-37　增量调制编码和解码框图

【实例 6-6】　已知输入信号为

$$x(t) = \sin(2\pi 50t) + 0.5\sin(2\pi 150t)$$

增量调制器的采样间隔为 1 ms，量化阶距 $\delta = 0.4$，单位延迟器初始值为 0。试用不同方法建立仿真模型并求出前 20 个采样点时刻上的编码输出序列以及解码样值波形。

方法一：编程实现

根据图 6-23 建立数学关系，编程中采用循环结构来模拟仿真采样时刻向前推进，并建立前后采样时刻样值的关系。

【程序代码】

```
Ts = 1e - 3;                                    % 采样间隔
t = 0:Ts:20 * Ts;                               % 仿真时间序列
x = sin(2 * pi * 50 * t) + 0.5 * sin(2 * pi * 150 * t);   % 信号
delta = 0.4;                                    % 量化阶距
D(1 + length(t)) = 0;                           % 预测器初始状态
for k = 1:length(t)
    e(k) = x(k) - D(k);                         % 误差信号
    e_q(k) = delta * (2 * (e(k) > =0) - 1);     % 量化器输出
    D(k + 1) = e_q(k) + D(k);                   % 延迟器状态更新
    codeout(k) = (e_q(k) >0);                   % 编码输出
end
subplot(3,1,1);plot(t,x,' - o ');axis([0 20 * Ts, -2 2]); hold on;
subplot(3,1,2);stairs(t,codeout);axis([0 20 * Ts, -2 2]);
```

```
                                           %  解码端
    Dr(1 + length(t)) = 0;                 %  解码端预测器初始状态
    for k = 1 : length(t)
        eq(k) = delta * (2 * codeout(k) - 1);    %  解码
        xr(k) = eq(k) + Dr(k);
        Dr(k + 1) = xr(k);                 %  延迟器状态更新
    end
    subplot(3,1,3) ; stairs(t,xr) ; hold on ;      %  解码输出
    subplot(3,1,3) ; plot(t,x) ;                   %  原信号
```

程序执行结果如图 6-38 所示。

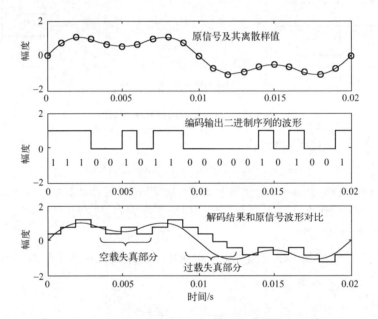

图 6-38 增量调制编码解码波形仿真结果（1）

从图中原信号和解码结果对比看，在输入信号变化平缓的部分，编码器输出 1、0 交替码，相应的解码结果以正负阶距交替变化，称为空载失真；在输入信号变化过快的部分，解码信号因不能跟踪上信号的变化而引起斜率过载失真。量化阶距越小，则空载失真就越小，但是容易发生过载失真；反之，量化阶距增大，则斜率过载失真减小，但空载失真增大。如果量化阶距能根据信号的变化缓急自适应调整，则可以兼顾优化空载失真和过载失真，这就是自适应增量调制的思想。

方法二、三：分别采用 Simulink 基本模块实现和采用 DPCM 编解码模块实现

仿真测试模型如图 6-39 所示。

其中，仿真步进设置为 0.001 s，模型中所有需要设置采样时间的地方均设置为 0.001 s，在增量调制部分，Relay 模块作为量化器使用，其门限设置为 0，输出值分别设置为 0.4 和 -0.4；Relay1 模块作为编码器使用，其门限设置为 0，输出值设置为 1 和 0；Relay2 模块作

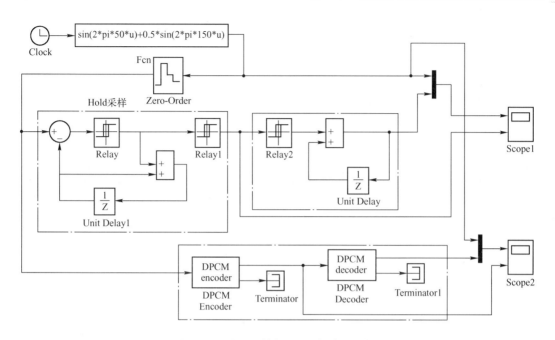

图 6-39　增量调制编码解码仿真测试模型

为解码器，其门限设置为 0.5，输出值分别为 0.4 和 -0.4，使用单位延迟器 Unit Delay 作为预测滤波器，初始状态均设置为零。

使用 DPCM 编解码模块进行等价实现，DPCM 编码模块的设置是，预测器分子系数为 $[0,1]$，分母系数为 1，量化分割值为 0，码数为 $[-0.4,0.4]$，解码器与编码器设置相同，仿真时间设置为 0.02 s，即仿真前 20 个采样点，仿真结果如图 6-40 所示，采用 Simulink 基本模块实现的解码结果与编程法得出的波形相同。但是，由于初始值设置问题，采用 DPCM 编解码模块得出的解码结果与采用 Simulink 基本模块实现的解码结果在起始部分稍有不同，随着仿真时间增加之后，两者输出结果相同。

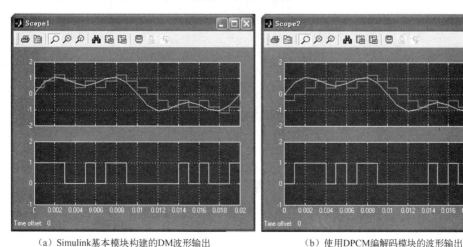

（a）Simulink 基本模块构建的 DM 波形输出　　　　（b）使用 DPCM 编解码模块的波形输出

图 6-40　增量调制编码解码波形仿真结果（2）

第7章 差错控制编码仿真

差错控制编码又称信道编码、可靠性编码、抗干扰编码或纠错编码，它是提高数字信号传输可靠性的有效方法之一，产生于 20 世纪 50 年代初，发展到 20 世纪 70 年代趋向成熟。本章将介绍常用的检错码、线性分组码（汉明码、循环码）、BCH 码、卷积码、Turbo 码以及交织码的基本原理及其性能仿真。

7.1 差错控制编码概述

数字信号在传输过程中，加性噪声、码间串扰等都可能引起误码，为了提高系统的抗干扰性能，可以加大发射功率，降低接收设备本身的噪声以及合理选择调制、解调方法等。此外，还可以采用信道编码技术，信道编码是为了降低误码率，提高数字通信的可靠性而采取的编码，它按一定的规则人为引入冗余度，具体地讲，信道编码就是在发送端的信息码元序列中，以某种确定的编码规则，加入监督码元，在接收端再利用该规则进行检查识别，从而发现错误、纠正错误。

能发现错误的编码叫检错码；能纠正错误的编码叫纠错码，一般说来，纠错码一定能检错；反之，检错码不一定纠错，或者说，同一个码，检错能力比纠错能力强。

7.1.1 差错控制方式

在数字通信系统中，利用纠错码或检错码进行差错控制的方式通常可分为三种：前向纠错（FEC）、检错重发（重传反馈，ARQ）和混合纠错（HEC），不同的差错控制方式有不同的优缺点，要根据实际情况选择差错控制方式，它们的系统构成如图 7-1 所示，图中有斜线的方框图表示在该端进行错误的检测。

1. 前向纠错方式（FEC）

该方式是指发送端发送能够被纠错的数据即经过编码的数据，接收端收到这些数据后，通过纠错译码器自动地发现错误并且自动纠正在传输过程中因干扰而产生的错误，最终实现传输信息恢复，达到可靠通信目的，该方式的特点是不需要反馈通道，

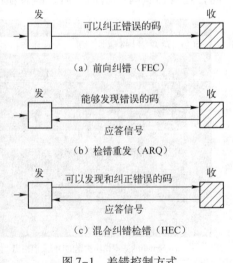

（a）前向纠错（FEC）

（b）检错重发（ARQ）

（c）混合纠错检错（HEC）

图 7-1 差错控制方式

实时性好，但是随着纠错能力的提高，编译码设备相对复杂。

2. 检错重发方式（ARQ）

检错重发方式就是在接收端根据编码规则进行检查，如果发现规则被破坏，则通过反向信通要求发送端重新发送，直到接收端检查无误为止。ARQ 系统具有各种不同的重发机制，如可以停发，等候重发，X. 25 协议的滑动窗口选挥重发等。虽然 ARQ 系统要求有反馈信道，其工作效率较低，但是该系统能达到很好的性能。

3. 混合纠错方式（ARQ）

该方式结合了前向纠错和 ARQ 系统的特性，在纠错能力范围内，自动纠正错误，对于超出纠错范围的则要求发送端更新发送，它是相对于以上两种方式的一种折中的方案。

7.1.2　纠错编码分类

在差错控制系统中，信道编码存在着多种实现方式，同时信道编码也有多种分类方法。

（1）根据校验元与信息元之间的关系可以分为线性码和非线性码。

校验元与信息元之间呈线性关系，即可把校验规则用线性方程组表示的叫线性码（Linear Code），如不存在线性关系则称为非线性码。

（2）按照对信息处理的方法的不同可分为分组码与卷积码。

对信源输出的序列，按 k 个信息元进行分组，每组设 r 个校验元，形成一个长为 $n = k + r$ 的码字，该码字的校验元仅与本码字的 k 个信息元有关，与别的码字无关，这样按组分别处理的编码是分组码（Block Code）。若码长为 n 位，校验为 r 位，如此 r 个校验元不仅与本组的 k 个信息元有关，而且也与前 m 组的信息元有关，则称为卷积码（Convolutional Code）或连环码（Recurrent Code）。

（3）按照码字的循环结构可分为循环码和非循环码。

在循环码中，任一码字循环移位得到的仍是其中一个码字，而非循环码字中，一个码字的循环位移后不一定是该码的一个码字。

（4）根据所纠错的类型可分为纠正随机错误码、纠正突发错误码、纠正随机错误码与突发错误码等。

（5）按照信道编码所采用的数学方法不同，可分为代数码、几何码和算术码。其中代数码是目前发展最为完善的编码，线性码就是代数码的一个重要的分支。

除上述信道编码的分类方法以外，还可分为二进制信道编码和多进制信道编码等。同时，随着数字通信系统的发展，可以将信道编码器和调制器统一起来综合设计，这就是所谓的网格编码调制（Trellis Coded Modulation，TCM）。

7.1.3　纠错编码的基本原理

信道编码的基本思想就是在被传送的信息中附加一些监督码元，在收和发之间建立某种校验关系，当这种校验关系因传输错误而受到破坏时，可以被发现甚至纠正错误，这种检错与纠错能力是用信息量的冗余度来换取的。

首先介绍几个与信道编码有关的基本概念：

（1）码长 n：码字中码元的数目。

（2）码重 w：码字中非 0 数字的数目，对于二进制码来讲，码重就是码元中 1 的数目，例如码字 10100，码长 $n=5$，码重 $w=2$。

（3）码距 d：两个等长码字之间对应位不同的数目，有时也称为这两个码字的汉明距离。例如码字 10100 与 11000 之间的码距 $d=2$。实际上，对于二进制码字而言，两个码字之间的模二相加，其不同的对应位必为 1，相同的对应位必为 0，因此，两个码字之间模二相加得到的码的码重就是这两个码字之间的距离。整个编码系统中任意两个码字的最小距离就是该编码系统的码距，码距越大，纠错能力越强，但数据冗余也越大，即编码效率低了，所以，选择码距取决于特定系统的参数。

（4）最小码距 d_0：在码字集合中全体码字之间距离的最小数值，最小码距是信道编码的一个重要的参数。

接下来以二进制分组码的纠错过程为例，较为详细地说明纠错码检错和纠错的基本原理，线性分组码应具有如下性质：

（1）封闭性。任意两个码组的和还是许用的码组。

（2）码的最小距离等于非零码的最小码重。

分组码对于数字序列是分段进行处理的，设每一段由 k 个码元组成（称作长度为 k 的信息组），由于每个码元有 0 或 1 两种值，故共有 2^k 个不同的状态。每段长为 k 的信息组，以一定的规则增加 r 个多余度码元（称为监督元），监督这 k 个信息元，这样就组成长度为 $n=k+r$ 的码字（又称 n 重）。共可以得到 2^k 个长度为 n 的码字，通常称为许用码字。而长度为 n 的数字序列共有 2^n 种可能的组合，其中 2^n-2^k 个长度为 n 的码字未被选用，故称它们为禁用码字。

上述 2^k 个长度为 n 的许用码字的集合称为分组码。分组码能够检错或纠错的原因是存在 2^n-2^k 个多余度码字，或者说在 2^n 码字中有禁用码字存在。

下面举一个具体的例子：设发送端发送 A 和 B 两个消息，分别用一位码元来表示，1 代表 A，0 代表 B。如果这两个信息组在传输中产生了错误，那么就会使 0 错成了 1，或 1 错成了 0，而接收端不能发现这种错误，更谈不上纠正错误了。

若在每个一位长的信息组中加上一个监督元（$r=1$），其规则是与信息元重复，这样编出的两个长度为 $n=2$ 的码字，它们分别为 11（代表 A）和 00（代表 B）。这时 11、00 就是许用码字，这两个码字组成一个（2，1）分组码，其特点是各码字的码元是重复的，故又称为重复码。而 01、10 就是禁用码字。设发送 11 经信道传输错了一位，变成 01 或 10，收端译码器根据重复码的规则，能发现有一位错误，但不能指明错在哪一位，也就是不能作出发送的消息是 A(11) 还是 B(00) 的判决。若信道干扰严重，使发送码字的两位都产生错误，从而使 11 错成了 00，收端译码器根据重复码的规则检验，不认为有错，并且判决为消息 B，造成了错判。这时可以发现：这种码距为 2 的（2，1）重复码能确定一个码元的错误，不能确定二个码元的错误，也不能纠正错误。

若仍按重复码的规则，再加一个监督码元，得到（3，1）重复码，它的两个码字分别为 111 和 000，其码距为 3。这样其余六个码字（001、010、100、110、101、011）为禁用码字。设发送 111（代表消息 A），如果译码器收到的 3 重为 110，根据重复码的规则，发现有错，并且当采用最大似然法译码时，把与发送码字最相似的码字认为就是发送码字。而 110 与 111 只有一位不同，与 000 有两位不同，故判决为 111。事实上，在一般情况下，错一位的可能性比错二位的可能性要大得多，从统计的观点看，这样判决是正确的。因此，这种 (3,1) 码能够纠正一个错误，但不能纠正两个错误，因为若发送 111，收到 100 时，根据译码规则将译为 000，这就判错了。类似于前面的分析，这种码若用来检错，它可以发现两个错误，但不能发现三个错误。当然，还可以选用码字更长的重复码进行信道编码，随着码字的增长，重复码的检错和纠错能力会变得更强。

上述例子表明：纠错码的抗干扰能力完全取决于许用码字之间的距离，码的最小距离越大，说明码字间的最小差别越大，抗干扰能力就越强。因此，码字之间的最小距离是衡量该码字检错和纠错能力的重要依据。在一般情况下，分组码的最小汉明距离 d_0 与检错和纠错能力之间满足下列关系：

（1）当码字用于检测错误时，如果要检测 e 个错误，则

$$d_0 \geqslant e+1 \tag{7-1}$$

这个关系可以利用图 7-2（a）予以说明。在图中用 A 和 B 分别表示两个码距为 d_0 的码字，若 A 发生 e 个错误，则 A 就变成以 A 为球心，e 为半径的球面上的码字，为了能将这些码字分辨出来，它们必须距离其最近的码字 B 有一位的差别，即 A 和 B 之间最小距离为 $d_0 \geqslant e+1$。

（2）当码字用于纠正错误时，如果要纠正 t 个错误，则

$$d_0 \geqslant 2t+1 \tag{7-2}$$

这个关系可以利用图 7-2（b）予以说明。在图中用 A 和 B 分别表示两个码距为 d_0 的码字，若 A 发生 t 个错误，则 A 就变成以 A 为球心，t 为半径的球面上的码字；B 发生 t 个错误，则 B 就变成以 B 为球心，t 为半径的球面上的码字。为了在出现 t 个错误之后，仍能够分辨出 A 和 B 来，那么，A 和 B 之间距离应大于 $2t$，最小距离也应当使两球体表面相距为 1，即满足不等式 (7-2)。

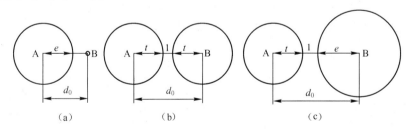

图 7-2　纠（检）错能力的几何解释

（3）若码字用于纠 t 个错误，同时检 e 个错误时（$e>t$），则

$$d_0 \geqslant t+e+1 \tag{7-3}$$

这个关系可以利用图 7-3（c）予以说明。在图中用 A 和 B 分别表示两个码距为 d_0 的码字，当码字出现 t 个或小于 t 个错误时，系统按照纠错方式工作；当码字出现大于 t 个而小于 e 个错误时，系统按照检错方式工作；若 A 发生 t 个错误，B 发生 e 个错误时，既要纠 A 的错，又要检 B 的错，则 A 和 B 之间距离应大于 $t+e$。

通常，在信道编码过程中，监督位越多纠错能力就越强，但编码效率就越低。若码字中信息位数为 k，监督位数为 r，码长 $n = k + r$。则编码效率 R_C 可以用下式表示

$$R_C = k/n = (n-r)/n = 1 - r/n \tag{7-4}$$

信道编码的任务就是要根据不同的干扰特性，设计出编码效率高、纠错能力强的编码，在实际设计过程中，需要根据具体指标要求，尽量简化编码实现的复杂度，节省设计费用。

7.2　汉明码及其性能仿真

7.2.1　汉明码基本原理

汉明码（Hamming）是一个错误校验码码集，由 Bell 实验室的 R. W. Hamming 发明，因此定名为汉明码，实际上，汉明码是一种能够纠正单个错误的线性分组码，它具有以下特点：

（1）最小码距 $d_{min} = 3$，可以纠正一位错误；

（2）码长 n 与监督元个数 m 之间满足关系式

$$n = 2^m - 1$$

如果要产生一个系统汉明码，可以将矩阵 H 转换成典型形式的监督矩阵，进一步利用 $Q = P^T$ 的关系，得到相应的生成矩阵 G。通常二进制汉明码可以表示为

$$(n, k) - (2^m - 1, 2^m - 1 - m) \tag{7-5}$$

式中 m 是大于等于 3 的正整数，例如 $m = 3$ 时，有（7，4）汉明码，它满足上述汉明码的两个特点。从编码形式上，可以发现汉明码是一种检验很严谨的编码方式，在（7，4）汉明码中，通过对 4 个数据位的 3 个位的 3 次组合检测，来达到具体码位的检验与修正目的。在检验时，则把每个汉明码与各自对应的数据位值相加，如果结果为偶数（纠错代码为 0）就是正确，如果为奇数（纠错代码为 1），则说明当前汉明码所对应的 3 个数据位中有错误，此时再通过其他 2 个汉明码各自的运算，来确定具体是哪个位出了问题。图 7-3 给出（7，4）系统汉明码的编码器原理图与译码器原理图。

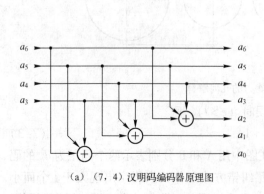

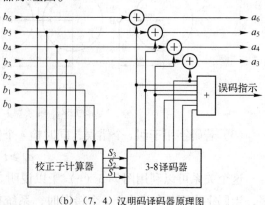

（a）（7，4）汉明码编码器原理图　　　　　　（b）（7，4）汉明码译码器原理图

图 7-3　　（7，4）汉明码编码器与译码器原理图

7.2.2　基于 SystemView 的汉明码仿真

根据图 7-3 所示的（7，4）汉明码编码器与译码器原理图，利用 System View 软件构建如图 7-4 所示的（7，4）汉明码编译码器仿真电路图，该仿真电路图包含两个子系统，分别是（7，4）汉明码的编码器和译码器。仿真时，电路中信号源采用了一个 PROM，并由用户自定义数据内容，数据的输出由一个计数器来定时驱动，每隔一秒输出一个 4 位数据（PROM 的 8 位仅用了其中 4 位），由编码器子系统编码转换后，成为 7 位汉明码，经过并 – 串转换后传输，其中的并 – 串、串 – 并转换电路使用了时分复用合路器和分路器图符，该合路器和分路器最大为 16 位长度的时隙转换，这里定义为 7 位时隙。此时由于输入、输出数据的系统数据率不同，因此必须在子系统的输入端重新设置系统采样率，将系统设置为多速率系统。因为原始 4 位数据的刷新率为 1 Hz，因此编码器的输入端可设置重采样率为 10 Hz，时分复用合路器和分路器的数据帧周期设为 1(s)，时隙数为 7，则输出采样率为输入采样率的 7 倍，即 70 Hz。如果要加入噪声，则噪声信号源的采样率也应设为 70 Hz。

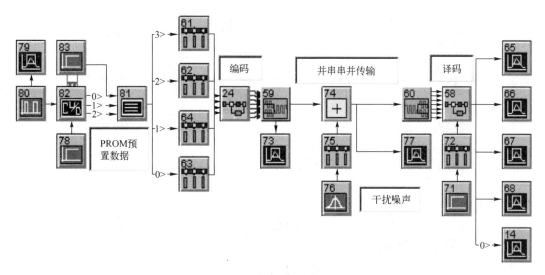

图 7-4　（7，4）汉明码编译码器仿真电路图

图 7-5 是（7，4）汉明码编码器的仿真子系统电路图，图 7-6 是其对应的译码器的仿真子系统电路图。图 7-7 所示为经过并 – 串转换后的（7，4）汉明码输出波形图，这里仅设置了 4 s 时间长度的仿真，输出的 4 个数据为 0、1、3、4，对应的（7，4）汉明码码字为：0000000、0001011、0011110、0100110。注意：串行传输的次序是先低后高的次序（LSB）。

当然，也可以不通过并 – 串转换，直接并行传输、译码，这样可以在 7 位汉明码并行传输时人为对其中的一位进行干扰，并观察其纠错的情况。通过仿真实验可以发现，出现两位以上错误时，汉明码就不能正确纠错了。因此，在要求对多位错误进行纠正的应用场合，就要使用别的编码方式了，如采用 BCH 码、RS 码、卷积码等编码方式。

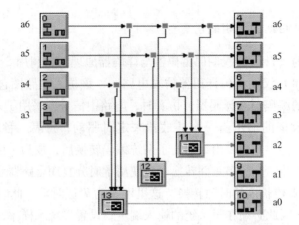

图7-5　（7，4）汉明码编码器仿真子系统电路图

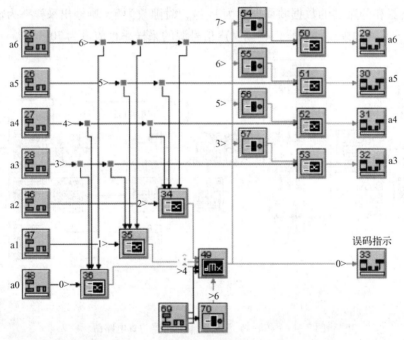

图7-6　（7，4）汉明码译码器仿真子系统电路图

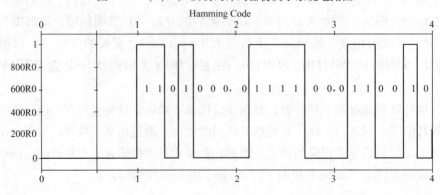

图7-7　输入为0、1、3、4的（7，4）汉明码输出波形图

7.2.3　基于 MATLAB/Simulink 的汉明码仿真

MATLAB 提供了生成汉明码的函数 hammgen 以及用汉明码进行编码、解码的 encode 和 decode 函数。

1. h = hammgen(m)

h = hammgen(m) 产生一个 $m \times n$ 的汉明检验矩阵 $\boldsymbol{h}$，其中，$n = 2^m - 1$，需要注意的是，产生的检验矩阵 $\boldsymbol{h} = [\boldsymbol{I}\ \boldsymbol{P}]$ 的形式，其中，$\boldsymbol{I}$ 是 $m \times m$ 的单位矩阵。

2. [h, g] = hammgen(m)

[h, g] = hammgen(m) 产生一个 $m \times n$ 的汉明检验矩阵 $\boldsymbol{h}$ 和与 $\boldsymbol{h}$ 相对应的生成矩阵 $\boldsymbol{g}$，其中，$n = 2^m - 1$，$\boldsymbol{h} = [\boldsymbol{I}\ \boldsymbol{P}]$ 的形式，$\boldsymbol{I}$ 是 $m \times m$ 的单位矩阵，而 $\boldsymbol{g} = [\boldsymbol{P}\ \boldsymbol{I}]$，其中，$\boldsymbol{I}$ 是 $(n - m) \times (n - m)$ 的单位矩阵，与前面讨论的生成矩阵的形式不同。

3. code = encode(msg, n, k, 'type/fmt') 或 code = encode(msg, n, k)

code = encode(msg, n, k, 'type/fmt') 或 code = encode(msg, n, k) 可以进行一般的线性分组编码、循环编码和汉明编码，所选用的编码方式由 type 指定，它的值可以是 linear、cyclic 或 hamming，分别对应上述提到的 3 种编码方式，fmt 参数取值可以是 binary 或 decimal，分别用来说明输入待编码数据是二进制还是十进制，默认方式是汉明码。

4. msg = decode(code, n, k, 'type/fmt')

msg = decode(code, n, k, 'type/fmt') 用来对编码数据进行译码，其 'type/fmt' 的取值与 encode 函数的 'type/fmt' 的取值相对应，默认方式是对汉明编码进行译码。

【实例 7-1】　用 MATLAB 仿真 (7, 4) 汉明码的编码及硬判决译码过程。

程序代码如下：

```
clear all
N = 10;                          % 信息比特的行数
n = 7;                           % 汉明码组长度 n = 2^m - 1
m = 3;                           % 监督位长度
[H,G] = hammgen(m);              % 产生(n,n-m)汉明码的生成矩阵和校验矩阵
x = randint(N,n-m);              % 产生比特数据
y = mod(x * G,2);                % 汉明编码
y1 = mod(y + randerr(N,n),2);    % 在每个编码码组中引入一个随机比特错误
mat1 = eye(n);                   % 生成 n*n 的单位矩阵,其中每一行中的 1 代表错误比特
                                 % 位置
errvec = mat1 * H. ';            % 校验结果对应的所有错误向量
y2 = mod(y1 * H. ',2);           % 译码
% 根据译码结果对应的错误向量找出错误比特的位置,并纠错
```

```
for indx = 1:N
    for indx1 = 1:n
        if(y2(indx,:) = = errvec(indx1,:))
            y1(indx,:) = mod(y1(indx,:) + mat1(indx1,:),2);
        end
    end
end
x_dec = y1(:,m + 1:end);              % 恢复原始信息比特
s = find(x ~ = x_dec)                 % 纠错后的信息比特与原始信息比特对比
```

程序说明：程序的第 3 ～ 4 行分别定义了汉明参数，第 5 行生成汉明码的生成矩阵和检验矩阵，第 7 行是用生成矩阵进行汉明编码，第 8 行是在生成的每一个码组中引入随机的 1 比特错误，第 9 ～ 10 行是生成检验结果所对应的所有错误矢量，第 11 行是对存在错误的码组进行译码，第 13 ～ 19 行是根据译码结果找出码组中错误比特的位置，并进行纠错。第 20 行是恢复原来的信息比特，最后是纠错后的译码结果与原始信息的比特序列进行对比，看两者是否相同。

程序运行结果如下：

```
s = Empty matrix:0 - by - 1
```

说明纠错后的译码结果与原始信息完全相同。

【实例 7-2】　仿真未编码和进行（7，4）汉明编码的 QPSK 调制通过 AWGN 信道后的误比特率性能。

程序代码如下：

```
clear all
N = 100000;                           % 信息比特行数
M = 4;                                % QPSK 调制
n = 7;                                % 汉明编码码组长度
m = 3;                                % 汉明码监督位长度
graycode = [0 1 3 2];
msg = randint(N,n - m);               % 信息比特
msg1 = reshape(msg.',log2(M),N * (n - m)/log2(M)).';
msg1_de = bi2de(msg1,'left - msb');   % 信息比特转换为 10 进制形式
msg1 = graycode(msg1_de + 1);         % Gray 编码
msg1 = pskmod(msg1,M);                % QPSK 调制
Eb1 = norm(msg1).^2/(N * (n - m));    % 计算比特能量
msg2 = encode(msg,n,n - m);           % 汉明编码
msg2 = reshape(msg2.',log2(M),N * n/log2(M)).';
```

```
msg2 = bi2de( msg2,'left − msb') ;
msg2 = graycode( msg2 +1) ;                      % 汉明编码后的比特序列转换为 10 进制形式
msg2 = pskmod( msg2,M) ;                          % 汉明编码数据进行 QPSK 调制
Eb2 = norm( msg2). ^2/( N ∗ ( n − m)) ;           % 计算比特能量
EbNo = 0:2:10;                                    % 信噪比
EbNo_lin = 10. ^( EbNo/10) ;                      % 信噪比的线性值
for indx = 1:length( EbNo_lin)
    indx
    sigma1 = sqrt( Eb1/(2 ∗ EbNo_lin( indx))) ;   % 未编码的噪声标准差
    rx1 = msg1 + sigma1 ∗ ( randn(1,length( msg1)) + j ∗ randn(1,length( msg1))) ;   % 加入高斯白噪声
    y1 = pskdemod( rx1,M) ;                       % 未编码 QPSK 解调
    y1_de = graycode( y1 +1) ;                    % 未编码的 Gray 逆映射
    [ err ber1( indx)] = biterr( msg1_de. ',y1_de,log2( M)) ;        % 未编码的误比特率

    sigma2 = sqrt( Eb2/(2 ∗ EbNo_lin( indx))) ;   % 编码的噪声标准差
    rx2 = msg2 + sigma2 ∗ ( randn(1,length( msg2)) + j ∗ randn(1,length( msg2))) ;   % 加入高斯白噪声
    y2 = pskdemod( rx2,M) ;                       % 编码 QPSK 解调
    y2 = graycode( y2 +1) ;                       % 编码 Gray 逆映射
    y2 = de2bi( y2,'left − msb') ;                % 转换为二进制形式
    y2 = reshape( y2. ',n,N). ';
    y2 = decode( y2,n,n − m) ;                    % 译码
    [ err ber2( indx)] = biterr( msg,y2) ;        % 编码的误比特率

end
semilogy( EbNo,ber1,' − ko',EbNo,ber2,' − k ∗') ;
legend('未编码','Hamming(7,4)编码')
title('未编码和 Hamming(7,4)编码的 QPSK 在 AWGN 下的性能')
xlabel('Eb/No') ;ylabel('误比特率')
```

程序运行结果如图 7-8 所示，由图中可看出，在信噪比较低时（$E_b/N_0 < 6$ dB），不编码的误比特率要好于编码的误比特率，这是因为编码虽然能带来编码增益，但在传输总能量不变的情况下，由于传输每个编码码字中的比特能量减少，信噪比降低，由于信噪比降低而使误码率增高，而此时编码增益很小，因此编码结果反而不如不编码结果；而在信噪比较高时，编码增益要大于信噪比降低而导致的性能损失，因此，在 $E_b/N_0 > 6$ dB 时，编码结果要优于不编码结果。

此外，Simulink 中也提供了汉明编码、译码模块，也可以用 Simulink 来对实例 7-2 进行建模仿真。

【实例 7-3】　利用 MATLAB 中的 Simulink 对实例 7-2 进行建模仿真，系统模型框图如图 7-9 所示。其中，Tx 和 Rx 子系统模型框图分别如图 7-10、图 7-11 所示。

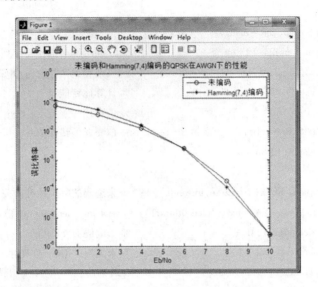

图 7-8　未编码和进行（7，4）汉明编码的 QPSK 调制通过 AWGN 信道后的误比特率性能比较

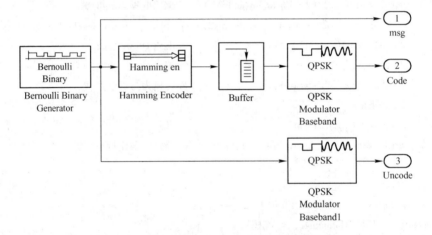

图 7-9　实例 7-3 系统模型框图

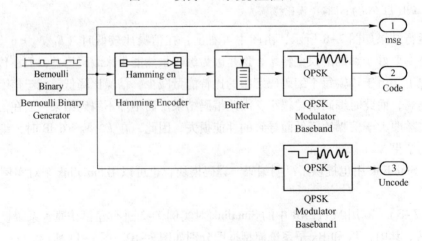

图 7-10　实例 7-3 中 Tx 子系统模型框图

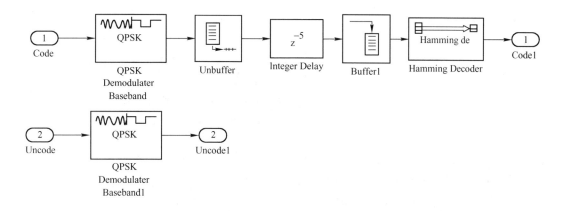

图 7-11　实例 7-3 中 Rx 子系统模型框图

在 Tx 子系统中，Bernoulli Binary Generator 的 Sample time 设为 $1/(2*SymbolRate)$，其中，Symbol Rate 代表符号速率，它将从工作区赋值，选中 Frame-based outputs，Sample per frame 设为 4，因为后面的 Hamming Encode 编码模块要求以 4 bit 为 1 帧作为输入。Hamming Encoder 模块位于 Communications Blockset→Error Detection and Correction→Block 模块库中，它的参数设置采用默认值即可。Buffer 模块的 Output buffer size(per channel) 设为 2，其他参数采用默认值，在 QPSK Modulator Baseband 模块的参数设置中，Input type 设为 bit，Constellation ordering 设为 Gray，这样就可以不用经过比特到整数的映射模块，直接根据输入的比特进行调制。

在 Rx 子系统中，QPSK Demodulator Baseband 模块参数设置与 Tx 模块中的一致，因为经过 Hamming 编码后，1 帧数据由原来的 4 个变成 7 个，而 QPSK 调制时，是以 2 bit 为一组进行调制的，所以译码时要重新恢复 7 bit 为 1 帧数据，这个功能是通过 Unbuffer、Delay 和 Buffer 三个模块共同完成的，Unbuffer 模块的功能是把 QPSK 模块的输出数据由帧形式转换为采样数据形式。Delay 模块位于 Signal Processing Blockset→Signal Operations 模块中，它的 Delay units 设为 Samples，Delay(samples) 设为 5，Buffer 模块的 Out buffer size(per channel) 设置为 7，Hamming Decoder 模块的参数采用默认值。

在 AWGN 信道模块中，Mode 设为 Signal to noise ratio(Eb/No)，Eb/No(db) 设为 SNR，Number of bits per symbol 设为 2，Input signal power(watts) 设为 1，Symbolperiod(s) 设为 1/SymboRate，与 Rx 子系统 Code1 相连的误比特率统计模块中把 Receive delay 设为 8，Variable name 设为 BER2，与 Uncode1 相连的误比特率统计模块中，Variable name 设为 BER1，其他参数均采用默认值。

各模块参数设置完成后，仿真时间设为 10 s，由于程序需要运行多次才能够得到信噪比与误比特率之间的关系，为此需编写如下的脚本程序：

```
clear all
EbNo = 0:2:10;                    % SNR 的范围
SymbolRate = 50000;              % 符号速率
for ii = 1:length(EbNo)
```

```
                   ii
                   SNR = EbNo(ii);                  % 赋值给 AWGN 信道模块中的 SNR
                   sim('ex3');                      % 运行仿真模型
                   ber1(ii) = BER1(1);              % 保存本次仿真未编码得到的 BER
                   ber2(ii) = BER2(1);              % 保存本次仿真 Hamming 编码得到的 BER
               end
               semilogy(EbNo,ber1,'-ko',EbNo,ber2,'-k*');
               legend('未编码','Hamming(7,4)编码')
               title('未编码和 Hamming(7,4)编码的 QPSK 在 AWGN 下的性能')
               xlabel('Eb/No');ylabel('误比特率')
```

程序运行结果如图 7-12 所示，结论与实例 7-2 仿真得到的图 7-8 一致。

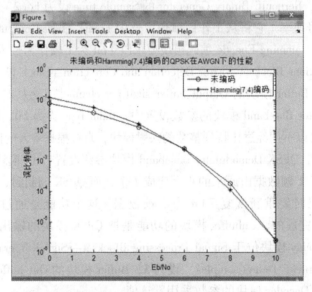

图 7-12　实例 7-3 程序运行结果

7.3　循环码及其性能仿真

7.3.1　循环码原理

循环码（Cyclic Code）是一类重要的线性分组码，它除了具有线性码的一般性质外，还具有循环性，即循环码许用码组集合中任一码字循环移位所得到的码字仍为该码组集合中的一个码字，即满足下列的循环移位特性：如果 $c = [c_{n-1}c_{n-2}\cdots c_1 c_0]$ 是某循环码的码字，那么由 c 的元素循环移位得到的 $[c_{n-2}\cdots c_1 c_0 c_{n-1}]$ 也是该循环码的一个码字，也就是说，码字 c 的所有循环移位都是码集合中的码字。

循环码的码字可以用矢量的形式表示，即

$$c = \left[c_0, c_1, \cdots, c_{n-1} \right] \tag{7-6}$$

也可以用多项式的形式表示为

$$c(x) = c_0 + c_1 x + \cdots + c_{n-1} x^{n-1} \tag{7-7}$$

此多项式称为码多项式。

循环码的码字可以表示为如下形式

$$c(x) = d(x) \cdot g(x) \tag{7-8}$$

其中 $g(x)$ 是 $x^n + 1$ 的 $n-k$ 次因子，称为生成多项式。假设二进制循环编码器的输入信号是一个 k 列的行矢量，输出的是 n 列的行矢量，则它产生的是一个 (n, k) 的循环码，其中 $n = 2^m - 1$，$m \geq 3$。在信息栏长度处或者设为 k，或者设为 cyclpoly$(n, k, 'min')$ （注意，并不是所有的 n, k 组合都可以构成循环码）。

7.3.2　基于 MATLAB/Simulink 的循环码仿真

MATLAB 提供的用来进行循环编码的函数是 cyclpoly 和 cyclgen，在使用时首先需要使用 cyclpoly 生成循环码的生成多项式，然后再用 cyclgen 生成循环码的生成矩阵和检验矩阵。

1. pol = cyclpoly(n, k)

pol = cyclpoly(n, k) 用来生成 (n, k) 循环码的生成多项式。

2. [h, g] = cyclgen(n, pol)

[h, g] = cyclgen(n, pol) 用 pol 生成多项式生成循环码的生成矩阵 g 和校验矩阵 h。

【实例 7-4】　分别使用 cyclgen 和 encode 实现 (3, 2) 循环码编码，并加入噪声，使用 decode 对两者进行编码，比较结果。

程序代码如下：

```
clear all
n = 3; k = 2;                              % A(3,2) 循环码
N = 10000;                                 % 消息比特的行数
msg = randint(N,k);                        % 消息比特共 N*k 行
pol = cyclpoly(n,k);                       % 循环码的生成多项式
[h,g] = cyclgen(n,pol);                    % 生成循环码
code1 = encode(msg,n,k,'cyclic/binary');   % 循环码编码
code2 = mod(msg * g,2);
noisy = randerr(N,n,[0 1;0.7 0.3]);        % 噪声
noisycode1 = mod(code1 + noisy, 2);        % 加入噪声
noisycode2 = mod(code2 + noisy,2);
newmsg1 = decode(noisycode1,n,k,'cyclic'); % 译码
newmsg2 = decode(noisycode2,n,k,'cyclic');
[number,ratio1] = biterr(newmsg1,msg);     % 误比特率
[number,ratio2] = biterr(newmsg2,msg);
disp(['The bit error rate1 is ',num2str(ratio1)])
disp(['The bit error rate2 is ',num2str(ratio2)])
```

程序运行结果如下：

> The bit error rate1 is 0.09955
> The bit error rate2 is 0.09955

上述程序运行结果说明用 cyclgen 和 encode 函数产生的循环码完全一致。

此外，Simulink 中也提供了循环码编码、译码模块，也可以用 Simulink 来对循环码进行建模仿真，图 7-13 所示是循环码的仿真系统，其中信号源是伯努利随机二进制信号发生器，产生采样时间为 1 的二进制信号，传输环境是二进制平衡信道。在发射端和接收端分别设置了循环编码和解码器。虽然因为信道编码的结果使得传输效率变为 4/7，即发送的 7 个码元中仅传递了 4 个码元的有效信息，但是使得差错率从 5% 降为 2%。表 7-1 ～表 7-3 分别给出了仿真系统中各模块的主要参数。

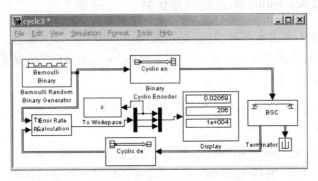

图 7-13　基于 Simulink 的循环码仿真系统

表 7-1　Binary Cyclic Encoder（二进制循环码编码器）的主要参数

■模块名称 Binary Cyclic Encoder
■位置 Communications Blockset → Error Detection and Correction→Block

参　数　名　称	参　数　值
Codeword length（码字长度）	7
Message length（信息位长度）	4

表 7-2　Binary Cyclic Decoder（二进制循环码解码器）的主要参数

■模块名称 Binary Cyclic Decoder
■位置 Communications Blockset → Error Detection and Correction→Block

参　数　名　称	参　数　值
Codeword length（码字长度）	7
Message length（信息位长度）	4

表 7-3　Binary Symmetric Channel（二进制均衡信道）的主要参数

■模块名称 Binary Symmetric Channel
■位置 Communications Blockset→Channels

参　数　名　称	参　数　值
Error probability（差错概率）	0.05
Initial seed（初始化种子）	2137

为了得到循环码仿真系统信号误码率与信道差错概率之间的曲线图，可以编写如下的脚本程序对图 7-13 所示循环码的仿真模型进行仿真，但是此时二进制均衡信道的差错概率应设置为 errB。

脚本程序如下：

```
er = 0 :. 01 :. 05 ;
Er = [ er ; er ; er ; er ; er ; er ; er ] ;
for n = 1 : length ( er )
errB = Er ( : , n ) ;
sim ( 'linearsqeX' )
S1 ( n ) = [ mean ( s ) ]' ;
EN ( n ) = [ er ( n ) ]' ;
end
plot ( EN , ( S1 ) ) ; grid
```

仿真结束后，我们可以得到如图 7-14 所示的误码率曲线图（其中，横坐标是二进制均衡信道的差错概率，纵坐标是经过差错控制后仿真系统的误码率）。

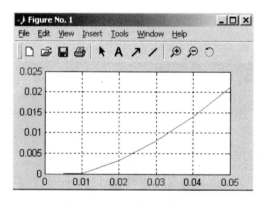

图 7-14　循环码误码率曲线图

7.4　BCH 码及其性能仿真

7.4.1　BCH 码原理

BCH 码是循环码中的一个重要子类，它是以三个发明者博斯（Bose）、查德胡里（Chaudhuri）和霍昆格姆（Hocquenghem）名字的开头字母命名的，若循环码的生成多项式具有如下形式

$$g(D) = \text{LCM}[m_1(D), m_3(D), \cdots, m_{2t-1}(D)] \tag{7-9}$$

这里 t 为纠错个数，$m_i(D)$ 为最小多项式，LCM 表示取最小公倍式，最小码距 $d_{\min} = 2t + 1$，则由此生成的循环码称为 BCH 码。

BCH 码具有纠多个错误的能力，它的生成多项式与最小码距之间有密切的关系，可以根据所要求的纠错能力 t 构造出 BCH 码，BCH 码只能对特定长度为 k 的信息序列进行编码。

对于 BCH 码来说，当确定了码字长度 n（只能取 $2^P - 1$，$P < 10$ 是正整数）之后，只有对应特定的信息序列 k 才能产生 BCH 码。在 MATLAB 中提供了一个函数 bchpoly(n)，用来给出当 n 等于 7、15、31、63、127、255 或 511 时哪些参数 k 是有效的。下面程序列出了当

n 等于 31 时所有的 k（第二列）与 t（第三列）的数值。

程序如下：

```
a = bchpoly(31)
a = 31      26      1
    31      21      2
    31      16      3
    31      11      5
    31       6      7
```

7.4.2　基于 MATLAB/Simulink 的 BCH 码仿真

图 7-15 所示是利用 Simulink 建立的 BCH 码仿真系统框图，表 7-4 ～表 7-6 给出了仿真系统中各模块的主要参数。

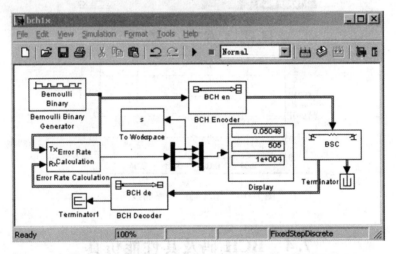

图 7-15　基于 Simulink 建立的 BCH 码仿真系统框图

BCH 码编码器模块的参数设置如表 7-4 所示。

表 7-4　BCH Encoder（BCH 码编码器）的主要参数

■模块名称 BCH Encoder
■位置 Communications Blockset→Error Detection and Correction→Block

参　数　名　称	参　数　值
Codeword length（码字长度）	15
Message length（信息位长度）	7

BCH 码解码器的参数设置如表 7-5 所示。其中，参数 Error - correction capability 表示的是 BCH 码解码器的纠错能力。当它等于 0 时，MATLAB 自动计算 BCH 码的纠错能力。如果知道输入的 BCH 码的纠错能力，可以手工设置 Error - correction capability 为相应的正整数。

表 7-5　BCH Decoder（BCH 码解码器）的主要参数

■模块名称 BCH Decoder
■位置 Communications Blockset→Error Detection and Correction→Block

参 数 名 称	参 数 值
Codeword length（码字长度）	15
Message length（信息位长度）	7
Error-correction capability（纠错能力）	0

参数设置时注意：

（1）$n = 2^m - 1$，$m \geqslant 3$。

（2）k 应该是 bchpoly(n) 所列的第二列中的某个数，第三列中对应的值就是纠错能力，编码效率越低，纠错能力越强。

（3）信号源的输出帧长应等于 k。

伯努利二进制随机数产生器的参数设置如表 7-6 所示。

表 7-6　Bernoulli Random Binary Generator（伯努利二进制随机数产生器）的主要参数

■模块名称 Bernoulli Random Binary Generator
■位置 Communications Blockset→Comm Sources

参 数 名 称	参 数 值
Probability of a zero（0 出现的概率）	0.5
Initial seed（初始化种子）	54 321
Sample time（采样时间）	1
Frame-based output（基于帧输出）	使能
Samples per frame（每帧采样数）	7

对图 7-15 所示 BCH 码的仿真模型进行仿真，仿真结束后，经过数据处理可以得到如图 7-16所示的误码率曲线图（其中，横坐标是信道传输差错率，纵坐标是误码率）。

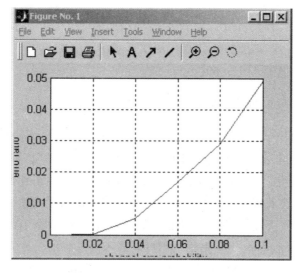

图 7-16　BCH 码的误码率曲线图

7.5　RS 码及其性能仿真

7.5.1　RS 码原理

RS 码是 Reed – Solomon 码（理德 – 所罗门码）的简称，它是一类非二进制 BCH 码，在 (n, k) RS 码中，输入信号分成 $k \cdot m$ 比特一组，每组包括 k 个符号，每个符号由 m 个比特组成，而不是前面所述的二进制码由 1 个比特组成。

一个纠 t 个符号错误的 RS 码有如下参数：

码长：$n = 2^m - 1$ 个符号，或 $m(2^m - 1)$ 比特。

信息段：k 个符号，或 mk 比特。

监督段：$n - k = 2t$ 个符号，或 $m(n - k)$ 比特。

最小码距：$d = 2t + 1$ 个符号，或 $m(2t + 1)$ 比特。

RS 码非常适合于纠正突发错误，它可以纠正的错误图样有：

总长度为 $b_1 = (t - 1)m + 1$ 比特的单个突发错误。

总长度为 $b_2 = (t - 3)m + 3$ 比特的两个突发错误。

……

总长度为 $b_i = (t - 2i - 1)m + 2i - 1$ 比特的 i 个突发错误。

对于一个长度为 $2^m - 1$ 个符号的 RS 码，每个符号都可以看成是有限域 $\mathrm{GF}(2^m)$ 中的一个元素。最小码距为 d 个符号的 RS 码的生成多项式具有如下形式

$$g(D) = (D + \alpha)(D + \alpha^2) \cdots (D + \alpha^{d-1}) \tag{7-10}$$

这里，α^i 是 $\mathrm{GF}(\alpha^m)$ 中的一个元素。例如，构造一个能纠 3 个错误符号，码长为 15，$m = 4$ 的 RS 码，由 RS 码的参数可知，该码的码距为 7，监督段为 6 个符号，因此该码为 $(15, 9)$ RS 码，生成的多项式为

$$g(D) = (D + \alpha)(D + \alpha^2)(D + \alpha^3)(D + \alpha^4)(D + \alpha^5)(D + \alpha^6) \tag{7-11}$$
$$= D^6 + \alpha^{10}D^5 + \alpha^{14}D^4 + \alpha^4 D^3 + \alpha^6 D^2 + \alpha^9 D + \alpha^6$$

所以从二进制角度看，这是一个 $(60, 36)$ 码。

7.5.1　基于 SystemView 的 RS 码仿真

前面介绍了各种分组纠错码的原理及相关内容，不难看出，无论是何种编码，其编码、译码都是相对复杂的，除了复杂的数学模型外，其实际电路也非常繁杂。为方便用户对分组纠错码的仿真和性能研究，SystemView 在通信库中提供了专门的分组纠错编码（Blk Code）、译码（Blk Decode）的图符库，用户只需要在相应的参数输入栏内填入相应参数值即可获得 BCH 码、RS 码等，图 7-17 所示为分组纠错码的参数输入对话框，在 Code Length 框内可以输入码的长度 n，在 Information Bits 对话框内可以输入信息码的长度 k，在 Correct 框内可以输入能纠错的位数 t，在 Select Block Code 选项组中可以选择 BCH 码、RS 码或 Golay 码。

在使用 RS 码时，因为 RS 码为非二进制，因此在进入编码之前，应对二进制数据信号进

行比特符号转换,图7-18 所示为 RS 码的编译码仿真实验电路图,实验中使用的是(15,11)RS
码,中间使用了比特符号和符号比特转换器,转换参数为每符号4 bit,信号源使用4 Hz 的 PN 码,
信道中的噪声用高斯噪声信号源来仿真,并使用了一个放大器作为信噪比控制器。

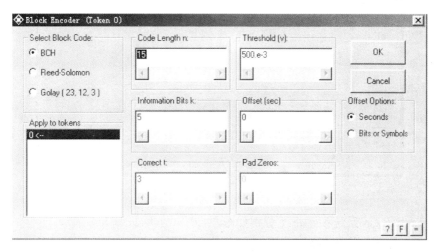

图 7-17 分组纠错码的参数输入对话框

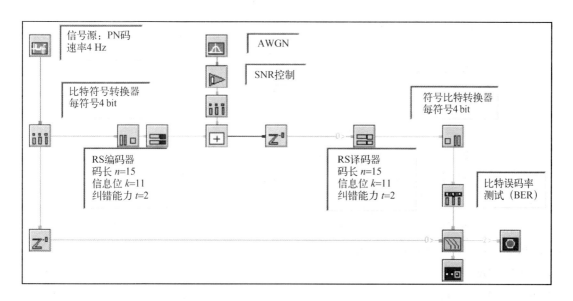

图 7-18 RS 编译码仿真实验原理图

7.5.2 基于 MATLAB/Simulink 的 RS 码仿真

Simulink 中也提供了二进制和多进制的 RS 编码、译码模块,二进制的使用方法与实例
7-3 类似,下面给出多进制 RS 编解码模块的使用实例。

【实例7-5】 用 berawgn 函数得到 16-QAM 调制未编码情况下的 AWGN 信道误比特率
性能,假设信道是二进制对称信道,用 Simulink 仿真采用 RS(15,11)编码后的误比特率性

能随信道误比特率的变化情况，E_{b}/N_0 的范围是 $0 \sim 10\,\mathrm{dB}$。

系统模型框图如图 7-19 所示。

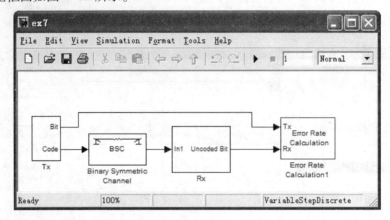

图 7-19　实例 7-5 系统模型框图

其中，Tx 和 Rx 子系统模型框图分别如图 7-20 和图 7-21 所示。

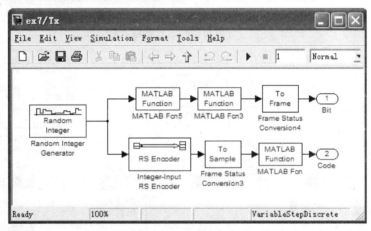

图 7-20　实例 7-5 Tx 子系统模型框图

在 Tx 子系统中，Random Integer Generator 的 Mary number 设为 16，Sample time 设为 1/110 000，选中 Frame－based outputs，Sample per frame 设为 11，因为后面的 Integer－Input RS Encoder 模块要求以 11 个符号为 1 帧作为输入，Integer－Input RS Encoder 模块位于 Communications Blockset→Error Detection and Correction→Block 模块库中，在它的参数设置中，Codeword length N 设为 15，Message length K 设为 11，本原多项式和生成多项式采用默认值，为了使编码信道能通过二进制对称信道，还应该把每帧数据中的整数转换成二进制序列。Frame Status Conversion 3 模块把帧格式的列矢量转换成采样格式的列矢量，再由 MATLAB 函数块中的 de2bi(u, 4, 'left－msb') 把每个采样转换成 4 位二进制数。同时，为了统计误比特率，还需要把原始整数数据转换成二进制数据，这是由两个 MATLAB 函数模块（MATLAB Fcn5、MATLAB Fcn3）和一个 Frame Status Conversion4 的 output signal 参数设为 Sample－based，MATLAB Fcn、MATLAB Fcn5 的 MATLAB function 参数设为 de2bi(u, 4, 'left－msb')，

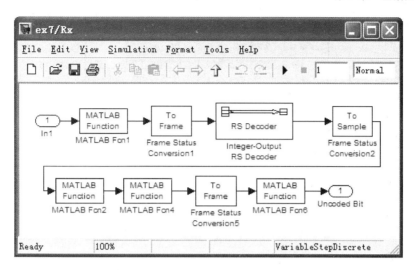

图 7-21　实例 7-5 Rx 子系统模型框图

其他参数采用默认值，MATLAB Fcn3 的 MATLAB function 参数设为 reshape(u.'，44，1)。

在 Rx 子系统中，MATLAB Fcn1 的 MATLAB function 参数设为 bi2de（u，'left-msb'），Frame Status Conversion1 和 Frame Status Conversion5 的 output signal 参数设为 Frame-based，Frame Status Conversion2 的 output signal 参数设为 Sample-based，MATLAB Fcn2 的 MATLAB function 参数设为 de2bi（u，4，'left-msb'），MATLAB Fcn4 的 MATLAB function 参数设为 reshape（u.'，44，1），MATLAB Fcn6 的 MATLAB function 参数设为 reshape（u.'，44，1）。

Binary Symmetric Channel 的 Error probability 设为 BER，将从工作区给它赋值，误码率统计模块中的 Variable name 设为 BER1，其他参数采用默认值。

各模块参数设置完毕后，把仿真时间设为 1，由于程序需要运行多次才能够得到信噪比与误比特率之间的关系，为此编写如下的脚本程序：

```
clear all
EbNo = 0:2:10;                          % SNR 的范围
ber = berawgn(EbNo,'qam',16);
for ii = 1:length(EbNo)
    ii
    BER = ber(ii);                      % 赋值给 BSC 信道模块中的 BER
    sim('ex7');                         % 运行仿真模型
    ber1(ii) = BER1(1);                 % 保存本次仿真得到的 BER
end
semilogy(EbNo,ber,'-ko',EbNo,ber1,'-k*');
legend('未编码','RS(15,11)编码')
title('未编码和 RS(15,11)编码的 16-QAM 在 AWGN 下的性能')
xlabel('Eb/No');ylabel('误比特率')
```

程序运行结果如图 7-22 所示，从图中可看出，在 $E_b/N_0 > 4$ dB 后，RS(15，11) 编码能取得较好的效果。

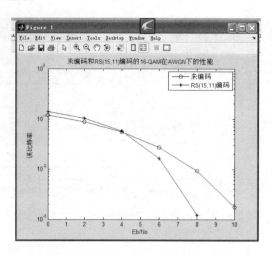

图 7-22　实例 7-5 程序运行结果

7.6　卷积码及其性能仿真

7.6.1　卷积码原理

分组码是把 k 个信息比特的序列编成 n 个比特的码组，每个码组的 $n-k$ 个检验位仅与本码组的 k 个信息位有关，而与其他码组无关。为了达到一定的纠错能力和编码效率，分组码的码组长度一般都比较大。编译码时必须把整个信息码组存储起来，由此产生的译码延时随 n 的增加而增加。

卷积码是另外一种编码方法，它也是将 k 个信息比特编成 n 个比特，但 k 和 n 通常很小，因此时延小，特别适合以串行形式进行传输。与分组码不同，卷积码编码后的 n 个码元不仅与当前段的 k 个信息有关，还与前面的 $N-1$ 段信息有关，编码过程中互相关联的码元个数为 nN。

卷积码的纠错性能随 N 的增加而增大，而差错率随 N 的增加而下降。在编码器复杂性相同的情况下，卷积码的性能优于分组码，但卷积码没有分组码那样严密的数学分析手段，目前大多是通过计算机进行好码的搜索。

1. 卷积码编码器的结构和描述

卷积码编码器的一般结构形式如图 7-23 所示，它包括：一个由 N 段组成的输入移位寄存器，每段有 k 个，共 Nk 个寄存器；一组 n 个模 2 和相加器，一个由 n 级组成的输出移位寄存器。对应于每段 k 个比特的输入序列，输出 n 个比特。由图可以看到，n 个输出比特不仅与当前的 k 个输入信息有关，还与前 $(N-1)k$ 个信息有关。通常将 N 称为约束长度，通常把卷积码记为：(n, k, N)，当 $k=1$ 时，$N-1$ 就是寄存器的个数。

卷积码的描述方法有两类：图解法和解析法。图解法包括构图、状态图、网格图。解析法包括矩阵形式、生成多项式形式。由于篇幅限制，在此对卷积码的描述方法等内容不作详细介绍。

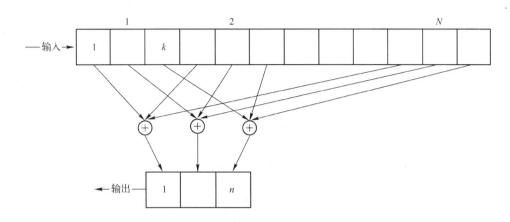

图 7-23　卷积码编码器的一般结构形式

2. 卷积码的译码

卷积码的译码方法主要有两种：代数译码和概率译码。代数译码是根据卷积码的本身编码结构进行译码，译码时不考虑信道的统计特性。概率译码在计算时要考虑信道的统计特性，典型的算法如最大似然译码、Viterbi 译码、序列译码等。

7.6.2　基于 SystemView 的卷积码仿真

在 SystemView 系统中提供了专门的卷积码编码和译码图符，使用户能快速地建立基于卷积码的仿真系统。卷积码编码器的参数设置如图 7-24 所示。在 Output Len 栏中输入码长 n，即每次输入 k 位信息位时输出的比特数。在 Info Bits 栏中输入每次编码的信息位数 k。在 Constraint Len 栏中输入约束长度 L。另外还需要在 Encode Polynomials 栏内输入卷积码的生成多项式，该多项式用八进制数表示，该生成多项式随不同的约束长度和编码效率有所不同，如（2，1，7）卷积码在编码效率为 1/2 时的生成多项式为 $(133)_8$ $(171)_8$，通常的数据输出为每个采样值对应 1 比特输出。

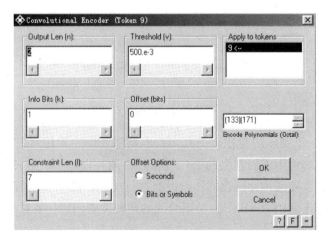

图 7-24　卷积码编码器参数设置对话框

卷积码译码器参数输入界面如上图 7-25 所示。除了码长 n、信息位比特数 k 和约束长度 L(即 N) 以及对应的生成多项式外，还要输入 Path Length（路径长度）参数，通常路径长度要设置为编码约束长度的 5 倍左右，除此之外还要选择硬判决或软判决，通常软判决比硬判决可多得 $1 - 2\,dB$ 的增益。如果采用软判决，还必须输入译码约束长度 No. Bits、信噪比 Eb/No、信号均值 Signal Mean 和软判决的量化值 Bin Size。通常要获得正确的译码，在给定译码约束长度和编码约束长度时，信噪比 Eb/No 需满足一定的要求。如图 7-25 中的 ［2，1，7］卷积码的编码约束长度为 7，译码约束长度为 3，则信噪比 Eb/No 应优于 $5.1\,dB$，近似设为 $5\,dB$，通常译码约束长度越长，对信噪比的要求就越低。

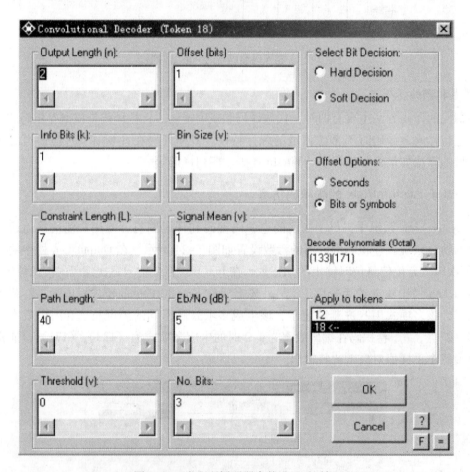

图 7-25 卷积码译码器参数设置对话框

图 7-26 所示为一个实际的卷积码仿真实验电路图，图中采用（2，1，7）卷积码编码器和译码器，在输出端使用了硬判决和 3 比特软判决两种译码器，并使用 BER 图符进行比特误码率测试，对软、硬两种译码器的译码性能进行比较，图 7-27 是两种译码器仿真实验输出的误码率 - 信噪比（BER - SNR）关系曲线的比较覆盖图，仿真结果表明，软判决的性能要优于硬判决。

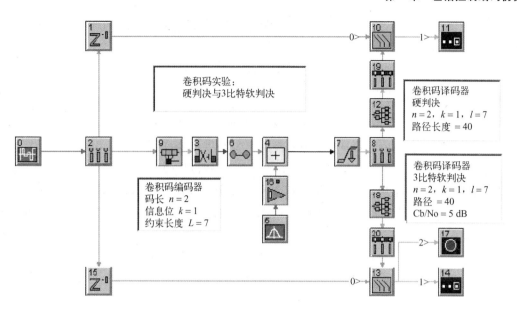

图 7-26　卷积码仿真实验电路图

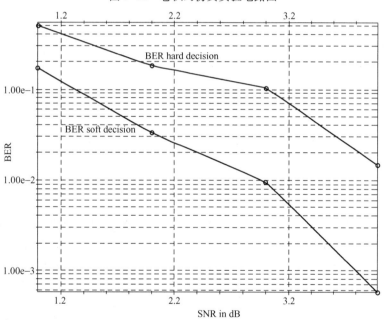

图 7-27　（2，1，7）卷积码的硬判决和软判决译码器 BER 曲线比较覆盖图

7.6.3　基于 MATLAB/Simulink 的卷积码仿真

MATLAB 提供了卷积码的函数编码 convenc 和相应的 viterbi 译码函数，可以快速地得到编译码结果。

卷积码的编码函数主要有以下 3 个：

1.　code = convenc(msg，trellis)

完成输入信号 msg 的卷积编码，其中 trellis 代表编码多项式，但其必须是 MATLAB 的网络结果，需要利用 poly2trellis 函数多项式转化为网格表达式，msg 的比特数必须为 log2 (trellis. numInputSymbols)。

2．code = convenc(msg, trellis, ⋯, init_state)

init_state 指定编码寄存器的初始状态。

3．decoded = vitdec(code, trellis, tblen, opmode, dectype)

对码字 code 进行 viterbi 译码，trellis 表示产生码字的卷积编码器，tblen 表示回溯的深度，opmode 指明译码器的操作模式，dectype 则出译码器判决的类型，如软判决和硬判决。

【实例 7-6】　仿真 BPSK 调制在 AWGN 信道下分别使用卷积码和不使用卷积码的性能，其中，卷积码的约束长度为 7，生成多项式 [171，133]，码率为 1/2，译码分别采用硬判决译码和软判决译码。

程序代码如下：

```
clear all
EbNo = 0:2:10;                                          % SNR 的范围
N = 100000;                                             % 消息比特个数
M = 2;                                                  % BPSK 调制
L = 7;                                                  % 约束长度
trel = poly2trellis(L,[171 133]);                       % 卷积码生成多项式
tblen = 6 * L;                                          % Viterbi 译码器回溯深度
msg = randint(1,N);                                     % 消息比特序列
msg1 = convenc(msg,trel);                               % 卷积编码
x1 = pskmod(msg1,M);                                    % BPSK 调制
for ii = 1:length(EbNo)
    ii
    y = awgn(x1,EbNo(ii) - 3);
    % 加入高斯白噪声,因为码率为 1/2,所以每个符号的能量要比比特能量少 3 dB
    y1 = pskdemod(y,M);                                 % 硬判决
    y1 = vitdec(y1,trel,tblen,'cont','hard');           % Viterbi 译码
    [err,ber1(ii)] = biterr(y1(tblen + 1:end),msg(1:end - tblen)); % 误比特率

    y2 = vitdec(real(y),trel,tblen,'cont','unquant');   % 软判决
    [err,ber2(ii)] = biterr(y2(tblen + 1:end),msg(1:end - tblen)); % 误比特率

end
ber = berawgn(EbNo,'psk',2,'nodiff');                   % BPSK 调制理论误比特率
semilogy(EbNo,ber,' - ko',EbNo,ber1,' - k *',EbNo,ber2,' - k. ');
legend('BPSK 理论误比特率','硬判决误比特率','软判决误比特率')
title('卷积码性能')
xlabel('Eb/No');ylabel('误比特率')
```

程序执行结果如图 7-28 所示，从图 7-28 可知，在信噪比较高时，硬判决译码要比没有采用卷积码时性能大约提高 3 dB，而软判决译码要比硬判决译码性能好大约 2 dB。

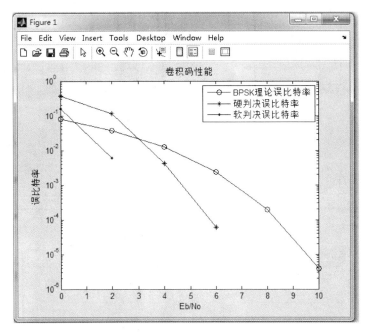

图 7-28　实例 7-6 程序执行结果

Simulink 中也提供了卷积码编码和 Viterbi 译码模块，下面给出使用 Simulink 仿真卷积码性能的示例。

【实例 7-7】　利用 Simulink 软件对实例 7-6 进行建模仿真。

系统模型框图如图 7-29 所示，其中 Tx 和 Rx 子系统模型框图分别如图 7-30 和图 7-31 所示。

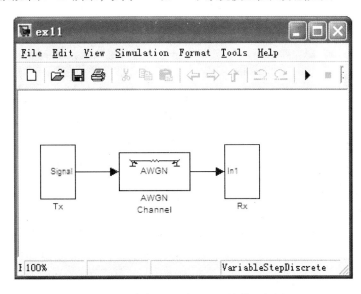

图 7-29　实例 7-7 建立的系统模型框图

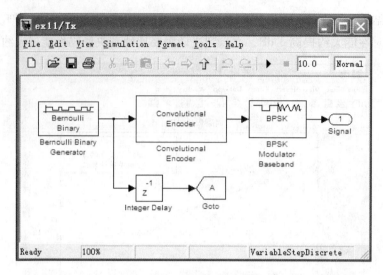

图 7-30　Tx 子系统模型框图

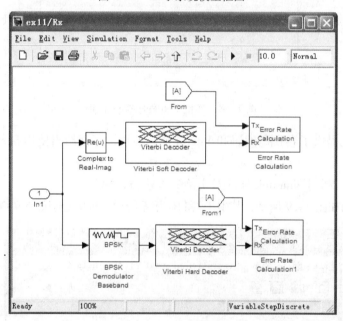

图 7-31　Rx 子系统模型框图

在 Tx 子系统中，Bernoulli Binary Generator 的 Sample time 设为 1/BitRate，选中 Frame-based outputs，Sample per frame 设为 BitRate，其中，BitRate 代表比特速率，将从工作区中赋值给它，在 Convolutional Encodet 模块的参数设置中，Trellis structure 设为 poly2trellis（Lc，[171 133]），其中，Lc 是卷积码的约束长度，将从工作区中赋值给它。Integer Delay 模块的 Number of delays 设为 6 * Lc，是 Viterbi 译码器的回溯深度。Goto 模块的 TagVisibility 要设为 global，否则，Rx 子系统中的 From 模块会提示找不到对应的 Goto 模块。

在 Rx 子系统中，两个 Viterbi Decoder 模块的 Decision type 分别设为 Hard Decision 和 Unquantized，Trellis structure 设为 poly2trellis（Lc，[171 133]），Traceback depth 设为 6 * Lc，

在两个 Error Rate Calculation 模块中，Computer delay 设为 $6*Lc$，Variable name 分别设为 BER1 和 BER2。

AWGN Channel 模块中的 Mode 选为 Signal to noise ratio（Eb/No），Eb/No（dB）设为 SNR，Symbol period 设为 1/BitRate。

各模块参数设置完毕后，仿真时间设为 10，由于程序需要运行多次才能够得到信噪比与误比特率之间的关系，为此编写如下的脚本程序：

```
clear all
Lc = 7;                                % 卷积码约束长度
BitRate = 100000;                      % 比特速率
EbNo = 0:2:10;                         % SNR 的范围
for ii = 1:length(EbNo)
    ii
    SNR = EbNo(ii);                    % 赋值给 AWGN 信道模块中的 SNR
    sim('ex11');                       % 运行仿真模型
    ber1(ii) = BER1(1);                % 保存本次仿真得到的 BER
    ber2(ii) = BER2(1);
end
ber = berawgn(EbNo,'psk',2,'nodiff');
semilogy(EbNo,ber,'-ko',EbNo,ber1,'-k*',EbNo,ber2,'-k.');
legend('BPSK 理论误比特率','硬判决误比特率','软判决误比特率')
title('卷积码性能')
xlabel('Eb/No');ylabel('误比特率')
```

程序运行结果如图 7-32 所示，与实例 7-6 结果相同。

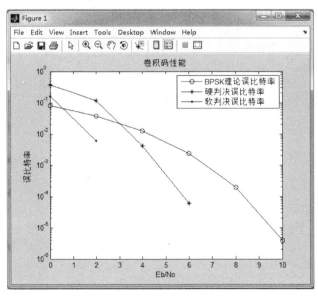

图 7-32　实例 7-7 程序运行结果

第三篇　通信系统仿真

综合实例

第**8**章 蓝牙跳频通信系统仿真设计

8.1 蓝牙技术概述

蓝牙技术定义了便携式设备之间无线通信的物理媒介和电子通信协议。蓝牙不仅仅是一种简单的无线连接，而且是一整套关于在特定范围内，不同便携式设备之间互联并识别的协议。

蓝牙技术结合了电路交换与分组交换的特点，可以进行异步数据通信，可以支持多达3个同时进行的同步话音信道，还可以使用一个信道同时传送异步数据和同步话音。每个话音信道支持 64 kbit/s 的同步话音链路。异步信道可以支持一端最大速率为 721 kbit/s、另一端速率为 57.6 kbit/s 的不对称连接，也可以支持 43.2 kbit/s 的对称连接。

中间协议层包括逻辑链路控制和适应协议、服务发现协议、串口仿真协议和电话通信协议。逻辑链路控制和适应协议具有完成数据拆装、控制服务质量和复用协议的功能，该层协议是其他各层协议实现的基础。服务发现协议层为上层应用程序提供一种机制来发现网络中可用的服务及其特性。串口仿真协议层具有仿真 9 针 RS232 串口的功能。电话通信协议层则提供蓝牙设备间话音和数据的呼叫控制指令。

主机控制接口层（HCI）是蓝牙协议中软硬件之间的接口，它提供了一个调用基带、链路管理、状态和控制寄存器等硬件的统一命令接口。蓝牙设备之间进行通信时，HCI 以上的协议软件实体在主机上运行，而 HCI 以下的功能由蓝牙设备来完成，二者之间通过一个对两端透明的传输层进行交互。

在蓝牙协议栈的最上部是各种高层应用框架。其中较典型的有拨号网络、耳机、局域网访问、文件传输等，它们分别对应一种应用模式。各种应用程序可以通过各自对应的应用模式实现无线通信。拨号网络应用可通过仿真串口访问微网（Piconet），数据设备也可由此接入传统的局域网；用户可以通过协议栈中的 Audio（音频）层在手机和耳塞中实现音频流的无线传输；多台 PC 或笔记本式计算机之间不需要任何连线，就能快速、灵活地进行文件传输和共享信息，多台设备也可由此实现同步操作。

总之，整个蓝牙协议结构简单，使用重传机制来保证链路的可靠性，在基带、链路管理和应用层中还可实行分级的多种安全机制，并且通过跳频技术可以消除网络环境中来自其他无线设备的干扰。

8.2 蓝牙跳频系统

8.2.1 信号传输部分

蓝牙跳频系统信号传输主要包含两部分：信号序列产生和在跳频频率上映射该序列。在输入端，输入的是本地时钟和当前地址。其中，使用时钟的 27 bit（比特）为 MSB。而在呼叫和查询状态下，将使用时钟的整个 28 bit，在呼叫状态下，本地时钟将被修改为被叫单元对主单元的估计值。

地址输入位由 28 位组成，即整个 LAP 和 UAP 的 4 位 LSB。在连接状态中，可使用主单元地址，在呼叫状态下使用呼叫地址单元。而在查询状态下，使用和 GIAC 对应的 UAP/LAP。输出则构成一个伪随机序列。覆盖 79 跳还是 23 跳系统，取决于当前的状态。

对于 79 跳系统，将选择频率间隔为 64 MHz 的 32 跳频段，并以随机次序访问这些频点一次。然后，选择一个不同的 32 跳频段，并依此类推。对于呼叫、呼叫扫描和呼叫应答状态，将使用同一个 32 跳频段。

信道被分为长度 625 μs 的时隙。时隙依据主时钟来进行编码。

下面以跳频速率为 1 600/s 的跳频序列为例，实现信号传输部分仿真，如图 8-1 所示。信号产生采用 Bernoulli 随机信号生成模块生成帧采样率为 10、采样时间为 1.5e - 6 的随机信号，具体参数设置如图 8-2 所示。信号经预处理在 1 600/s 的跳频上进行映射。各模块参数设置如图 8-3 ～图 8-5 所示。

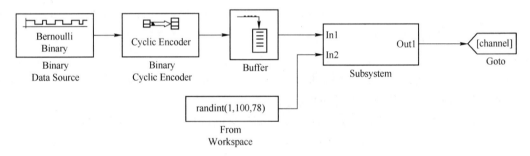

图 8-1　跳频系统传输部分仿真

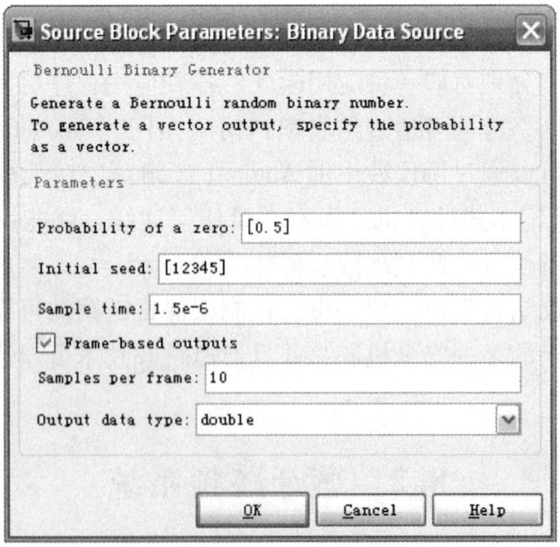

图 8-2　信号生成模块参数设置

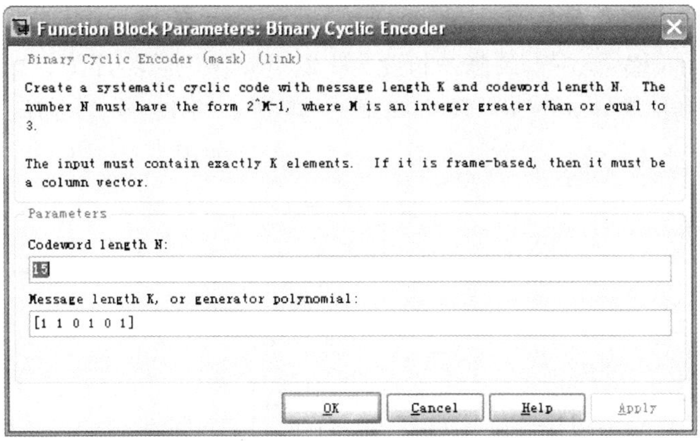

图 8-3　Binary Cyclic Encoder 模块参数设置

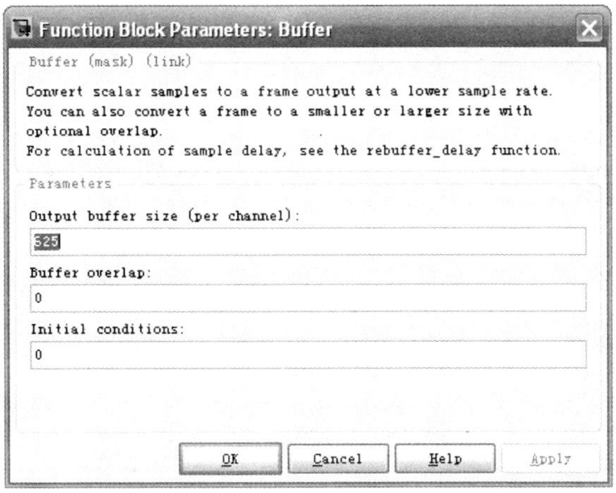

图 8-4　Buffer 模块参数设置

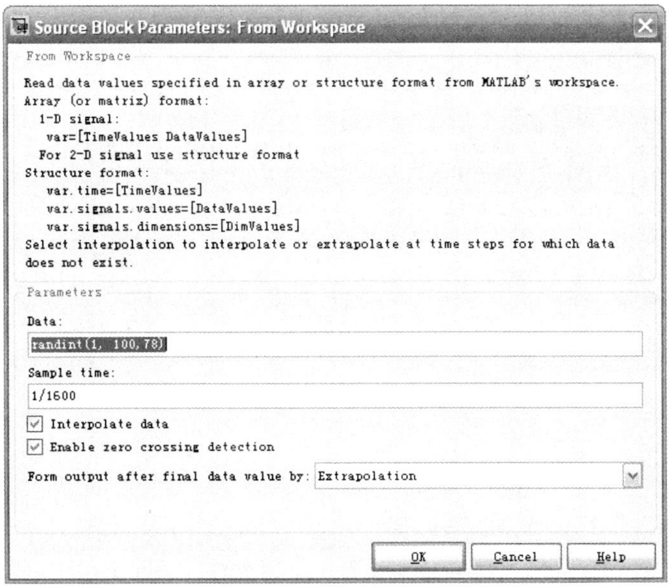

图 8-5　Singnal From Workspace 模块参数设置

其中，跳频调制方式采用 FH – CPM 制式调制，该子系统内部结构如图 8-6 所示，输入 In1 将原始信号进行 CPM 调制得到脉冲长度为 1 的 Binary 的符号序列，在另一输入端将调频速率为 1 600/s 的跳频信号进行 M – FSK 调制，得到 – 39 MHz ～ 39 MHz 的跳频序列，将二者相乘得到输出信号进入传输信道。各模块的参数设置如图 8-7 ～和图 8-8 所示。

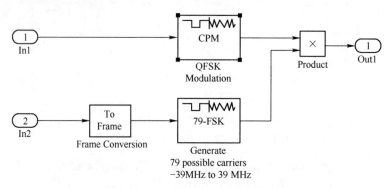

图 8-6　FH – CPM Modulator 子系统

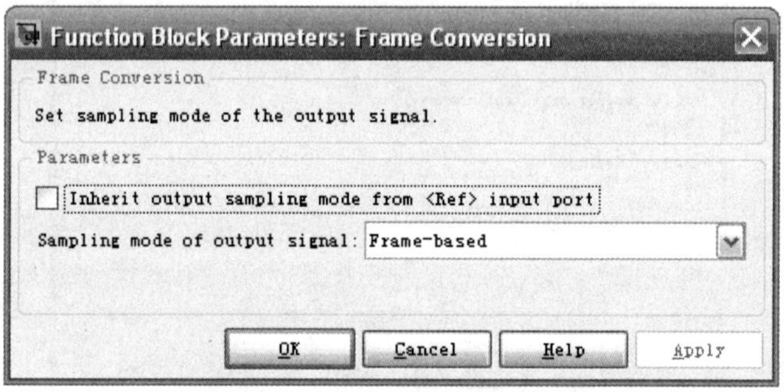

图 8-7　Frame Conversion 模块参数设置

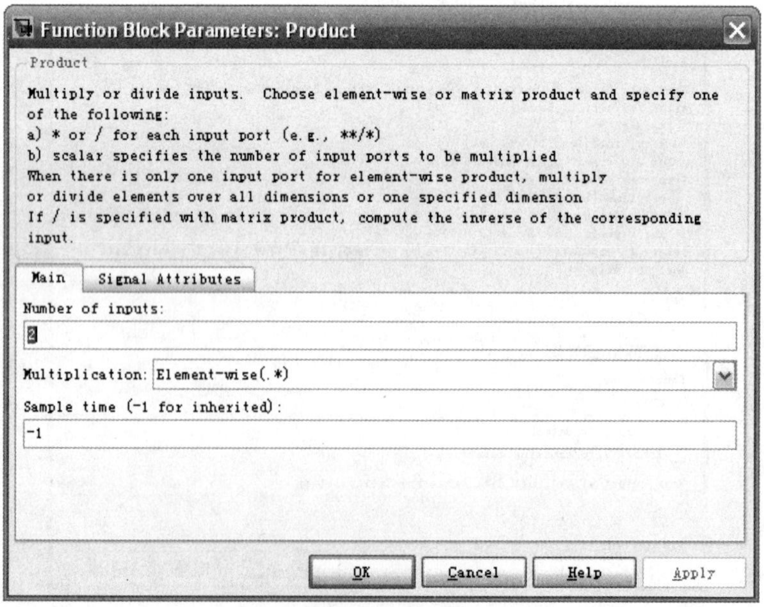

图 8-8　Product 模块参数设置

8.2.2　信号接收部分

信号接收部分利用相同的随机跳频序列将接收信号进行调解，按预处理的逆序进行调解，其仿真实现如图 8-9 所示。其中包含两个子系统：Frequency hopping FM Demodulator 子系统和 Dis – assemble Packet 子系统。

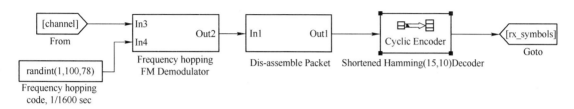

图 8-9　信号接收部分仿真

1. Frequency hopping FM Demodulator 子系统

Frequency hopping FM Demodulator 子系统内部结构如图 8-10 所示，该子系统有两个输入端，In3 是经传输信道接收的扩频信号，In4 是随机序列产生器输入的随机跳频序列，它与发送端应保持同步，该序列经 M – FSK 调制与 In3 中的信号相乘再进行 M – FSK 解频，得到输出 Out2。各模块的参数设置如图 8-11 ～图 8-15 所示。

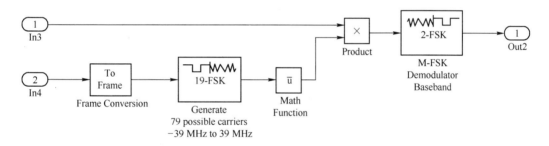

图 8-10　Frequency hopping FM Demodulator 子系统

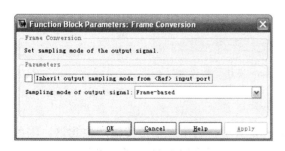

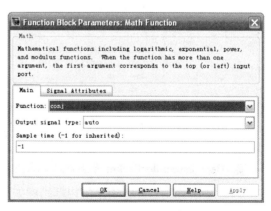

图 8-11　To Frame 模块参数设置　　　　图 8-12　Math Function 模块参数设置

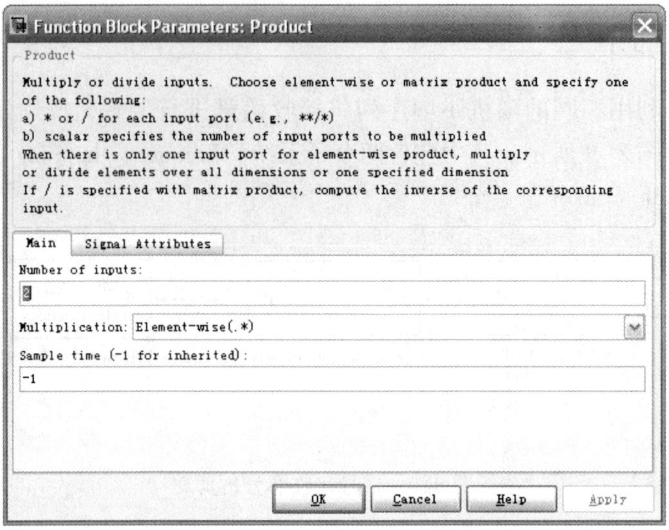

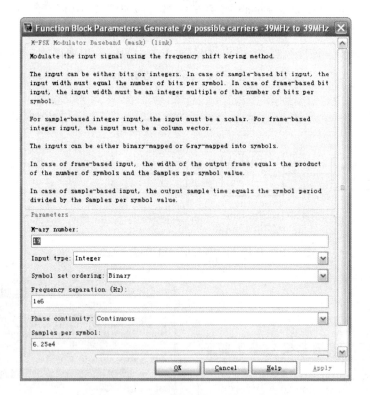

图 8-13　Product 模块参数设置

图 8-14　M - FSK Modulator 模块参数设置

2. Dis - assemble Packet 子系统

Dis - assemble Packet 子系统内部结构如图 8-16 所示,由于经信道传输产生延迟,因此在 Dis - assemble Packet 中增加延迟 Integer Delay,采样延迟设置为 10。子系统各模块的参数设置如图 8-17 和图 8-18 所示。

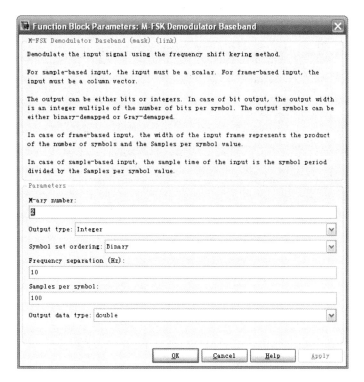

图 8-15　M – FSK Demodulator 模块参数设置

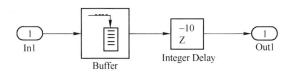

图 8-16　Dis – assemble Packet 子系统

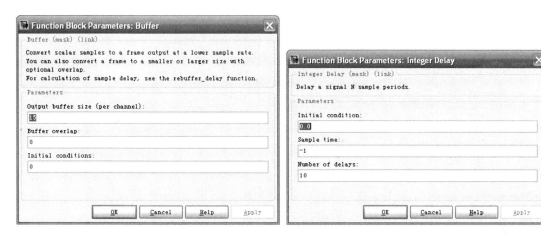

图 8-17　Buffer 模块参数设置　　　　　　图 8-18　Integer Delay 模块参数设置

信号接收系统其余模块的参数设置如图 8-19 所示。

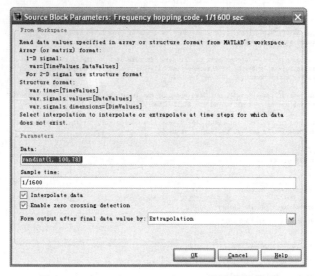

图 8-19　Singnal From Workspace 模块参数设置

8.2.3　谱分析部分

为了在仿真系统中观察结果，这里设置了频谱分析模块，其结构如图 8-20 所示。信号通过选择器，在频谱仪 Spectrum Scope 中显示出来，模块参数设置如图 8-21 和图 8-22 所示。

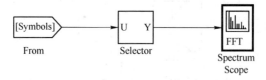

图 8-20　频谱分析模块

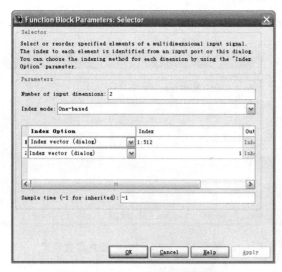

图 8-21　Selector 模块参数设置

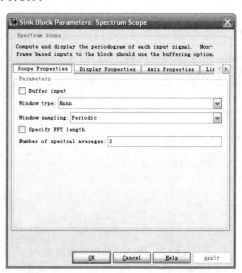

图 8-22　Spectrum Scope 模块参数设置

8.2.4　误码分析部分

　　误码分析部分的设计如图 8-23 所示，其原理是将传输信号（Tx_Symbols）和接收信号（Rx_Symbols）送入 Error Rate Calculation（差错检验），并将结果参数使用 Display 模块显示出来，模块参数设置如图 8-24 和图 8-25 所示。

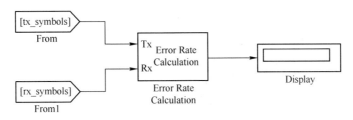

图 8-23　误码分析模块

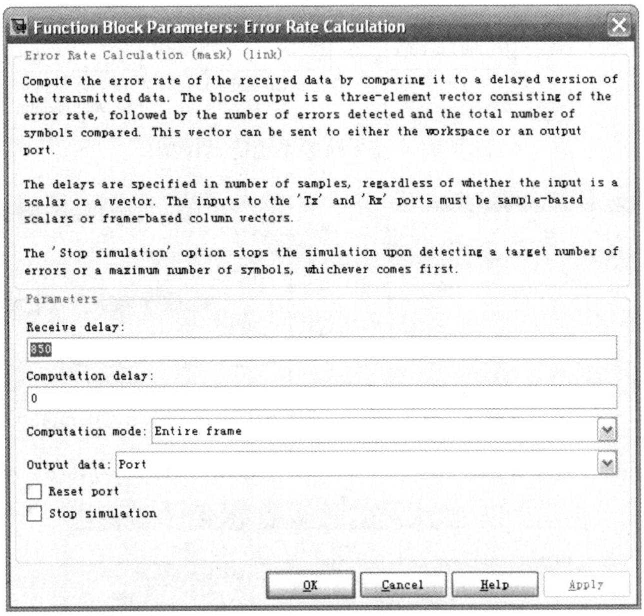

图 8-24　Error Rate Calculation 模块参数设置

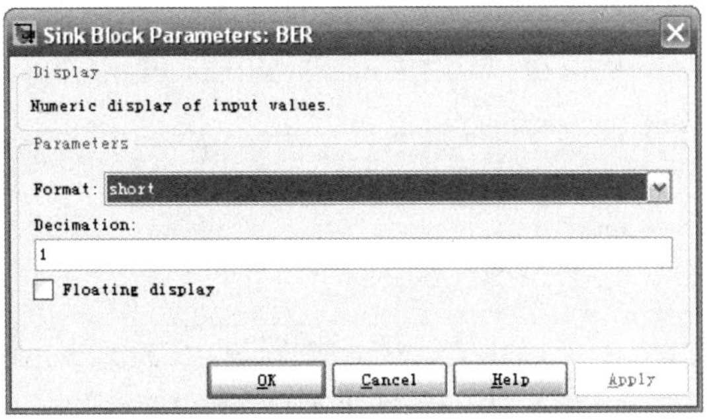

图 8-25　Display 模块参数设置

8.3　蓝牙跳频系统的仿真模型

蓝牙跳频系统仿真模型如图 8-26 所示，传输信道采用加性高斯白噪声信道（AWGN）。相关模块的参数设置如图 8-27 ～图 8-29 所示。

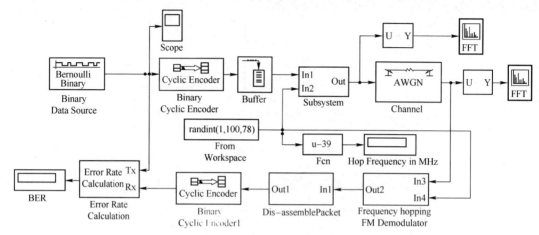

图 8-26　蓝牙跳频系统仿真模型

图 8-27　Fun 模块参数设置

图 8-28　Display（BER）模块参数设置

图 8-29　传输信道模块参数设置

8.4　系统运行分析

在上面给出的仿真条件下，观察仿真运行情况。系统仿真结果频谱如图 8-30 所示，在频带范围 $-39 \sim 39\,\mathrm{MHz}$ 内，产生 $20\,\mathrm{dB}$ 的随机跳频脉冲，经信道传输的信号频谱如图 8-31 所示，产生的误码率为 0。

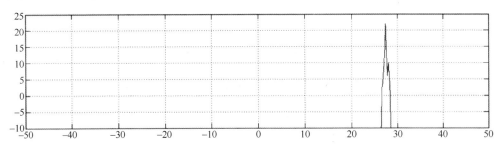

图 8-30　信号仿真频谱

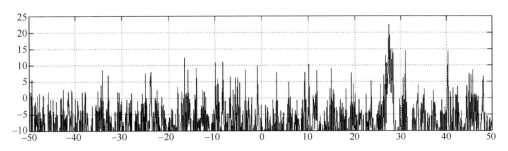

图 8-31　经信道传输的信号频谱

第 ⑨ 章 CDMA 系统仿真

CDMA 通信是利用给不同的用户分配不同的扩频编码,实现多用户同时在同一频率互不干扰进行通信,即码分多址通信,使用扩频编码会将原始信号的频谱带宽扩展,因此,这种调制方式的通信,又称扩频通信。扩频通信具有较强的抗干扰能力和隐蔽性,并能同时实现多址通信、精确地测距和定时,目前已成功应用于第三代移动通信系统中,本章主要介绍CDMA 的基本原理以及利用 Simulink 软件进行建模仿真。

9.1 CDMA 系统理论基础

9.1.1 扩频通信基本原理

扩频的定义为:用来传输信息的信号带宽远远大于信息本身带宽的一种传输方式,频带的扩展由独立于信息的扩频码来实现,与所传信息数据无关,在接收端用同步接收实现解扩和数据恢复。根据香农定理即 $C = W \log_2(1 + S/N)$,可得对于给定的信息传输速率,可以用不同的带宽和信噪比的组合来传输,即信噪比和信道带宽可以互换。扩频通信系统正是基于此理论,将信道带宽扩展许多倍以换取信噪比上的好处,增强系统的抗干扰能力。

一个典型的扩频通信系统框图如图 9-1 所示。

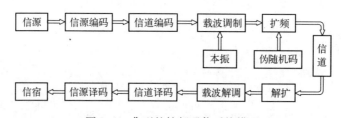

图 9-1 典型的扩频通信系统模型

由图 9-1 可知,扩频通信系统主要由信源、信源编译码、信道编译码(差错控制)、载波调制与解调、扩频调制与解调以及信道六大部分组成。信源编码的目的是减小信息的冗余度,提高信道的传输效率。信道编码(差错控制)的目的是增加信息在信道传输中的冗余度,使其具有检错或纠错能力提高信道传输质量。调制部分的目的是使经信道编码后的符号能在适当的频段传输,通常使用的数字调制方式有 QPSK 和 OQPSK 等。扩频和解扩是为了提高系统的抗干扰能力而进行的信号频谱展宽和还原,可见,与传统通信系统相比较,该系统模型中多了扩频和解扩两个部分,经过扩频,在信道中传输一个宽带的低谱密度的信号。

CDMA（码分多址）系统应用扩频通信原理，在发送端，将要传输的信息通过与伪随机码序列进行调制，使其频谱展宽，即"扩频"；在接收端，用与发送端相同的码序列进行"反扩展"，将宽带信号恢复成窄带信号，即"解扩"。窄带干扰信号由于与伪随机序列不相关，在接收端被扩展，从而使进入信号频带内的干扰信号功率大大降低，增加解调器输入端的信噪比。

9.1.2　CDMA 系统的扩频方式和重要参数

扩频通信系统按扩频方式的不同，可分为以下 4 种类型：直接序列扩频（DS）、跳频扩频（FH）、跳时扩频（TH）以及混合方式扩频。在实际的 CDMA 系统中，直接序列扩频方式得到了广泛的认可和应用，它具有很强的抗干扰能力，采用高速码率的伪随机码在发送端进行扩频，在接收端用相同的码序列进行解扩，然后将展宽的扩频信号还原成原始信息，本章仿真采用直接序列扩频方式。

另外，CDMA 扩频通信有两个重要参数：扩频增益和干扰容限。

1. 扩频增益

扩频增益，通常用于衡量扩频系统抗干扰能力的优劣，定义为接收机相关器输出信噪比和接收机相关器的输入信噪比之比，即

$$G = \frac{S_0/N_0}{S_i/N_i} = \frac{W}{R_b} \tag{9-1}$$

式中：S_i 和 S_0 分别为接收机相关器的输入、输出端信号功率；N_i 和 N_0 分别为相关器的输入、输出端干扰功率；W 为系统的扩频带宽；R_b 为基带信号的信息速率。

2. 干扰容限

干扰容限通常用于描述扩频系统在干扰环境下的工作性能，定义为

$$M_j = G - \left[L_s + (S_0/N_0) \right] \tag{9-2}$$

式中：S_0/N_0 为输出信噪比；L_s 为系统损耗；G 为扩频增益。当干扰功率超过信号功率 $M(\mathrm{dB})$ 时，系统就不能正常工作。

9.1.3　CDMA 扩频码：m 序列

在扩频系统中，信号频谱的扩展是通过扩频码实现的，因而扩频系统的性能与扩频码的性能有很大的关系，对扩频码通常提出以下要求：易于产生；具有随机性；扩频码应该具有尽可能长的周期，使干扰者难以从扩频码的一小段中重建整个码序列；扩频码应该具有良好的自相关性和互相关性，以利用接收时的捕获或跟踪，以及多用户检测等。

从理论上说，用纯随机序列去扩展频谱是最理想的，例如高斯白噪声。但在接收机中为解扩的需要，应当有一个同发送端扩频码同步的副本，因此实际上只能用伪随机或伪噪声序列作为扩频码，伪随机序列具有类似噪声的性质，但它又是周期性有规律的，易于产生和处理。

扩频码中应用最多的是 m 序列，又称最大长度序列，还有 Gold 序列、Walsh 码序列等，限于篇幅，这里仅对 m 序列以及 Gold 序列进行简单介绍。

m 序列是由 n 级线性移位寄存器产生的周期为 $2^n - 1$ 的码序列，是最长线性反馈移位寄存器序列的简称。周期为 $2^r - 1$ 的 m 序列可以提供 $2^r - 1$ 个扩频地址码，它可扩展频谱、区分通过多址接入方式使用同一传输频带的不同用户的信号，m 序列的特性如下：

（1）扩频特性：具有很强的二值自相关性和很弱的互相关性。

（2）移位特性：m 码序列和其移位后的序列模 2 相加，所得的序列还是 m 序列，只是相位不同。

（3）均衡性：m 码序列一个周期内，"1" 和 "0" 的码元基本相等，保证了在扩频系统中，用 m 码序列作平衡调制实现扩展频谱时有较高的载波抑制度。

若一个 n 次多项式 $f(x)$ 满足下列条件：

（1）$f(x)$ 为不可约的；

（2）$f(x)$ 能整除 $x^m + 1$，$m = 2^n - 1$；

（3）$f(x)$ 不能整除 $x^q + 1$，$q < m$；

则称多项式 $f(x)$ 为本原多项式，应用 MATLAB 函数编程的方法可求得本原多项式的特征多项式，求出特征多项式，可通过两种方式产生 m 序列：

1）方法一：移位寄存器加反馈生成 m 序列

m 序列产生器，由线形反馈移位寄存器构成，式中 c_i 为 1 表示连接，为 0 表示断开，加法器用的是模 2 加法。线形反馈逻辑式为

$$a_n = c_1 a_{n-1} + c_2 a_{n-2} + \cdots + c_r a_{n-r} = \sum_{i=1}^{r} c_i a_{n-i} \tag{9-3}$$

反馈移位寄存器原理框图如图 9-2 所示。

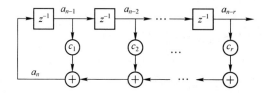

图 9-2　反馈移位寄存器原理框图

序列生成多项式表示为

$$G(x) = a_0 + a_1 x^1 + a_2 x^2 + \cdots = \sum_{i=0}^{\infty} a_i x^i \tag{9-4}$$

将线形反馈逻辑代入后，选择初始状态为

$$\begin{cases} a_{-r} = 1 \\ a_{-r+1} = a_{-r+2} = \cdots = a_{-1} = 0 \end{cases} \tag{9-5}$$

得到

$$\begin{cases} G(z) = \dfrac{1}{F(x)} \\ F(x) = \displaystyle\sum_{i=0}^{r} c_i x^i \end{cases} \tag{9-6}$$

其中，$F(x)$ 是关于 c_i 的多形式。式（9-6）为移位寄存器序列生成器的特征多项式，通过选择不同的生成多项式，可以找出相关性较好的 m 序列组。

2）方法二：应用伪随机序列产生器产生四级 m 序列

图 9-3 所示为产生 m 序列的仿真模型，利用示波器观察产生的 m 序列波形。

伪随机序列产生器模块的参数设置为：生成多项式为［10011］；初始状态为［0100］；采样时间为 0.001 s，仿真时间设置为 1 s，m 序列时域波形如图 9-4 所示。可知，它是以 15 位周期的脉冲序列，在时间范围设置为 0.045 s 的示波器上刚好显示了 3 个周期的 m 序列。运行图 9-3 仿真模型可得四级 m 序列的相应的输出序列为：001001101011110，m 序列互相关函数特性如图 9-5 所示。

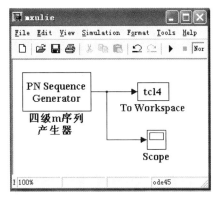

图 9-3　产生 m 序列的仿真模型

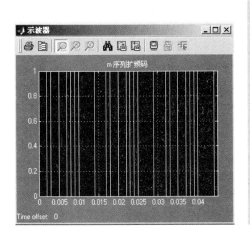

图 9-4　m 序列时域波形

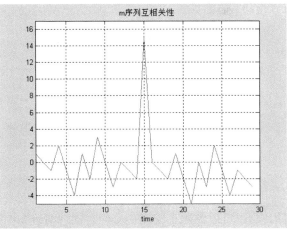

图 9-5　m 序列互相关函数特性

由图 9-5 可知，在周期点 15 处 m 序列有很强的自相关性，其余的反映了它们的互相关性，互相关性的幅度值越小越好。

9.1.4　CDMA 扩频码：Gold 码序列

一对周期和速率均相同的 m 序列优选对模 2 加后得到 Gold 序列，有较优良的自相关和互相关特性，在各种卫星系统中获得了广泛的应用。其自相关性不如 m 序列，互相关性比 m 序列要好。满足下列条件的两个 m 序列可构成优选对：

$$R_{xy}(\tau) \leqslant \begin{cases} 2^{(n+1)/2} + 1 & n \text{ 为奇数} \\ 2^{(n+2)/2} + 1 & n \text{ 为偶数且不能被 4 整除} \end{cases} \tag{9-7}$$

9.1.5　CDMA 扩频码：PN 序列的扩频原理

在 CDMA 中，不同的用户在相同的时间用相同的频带，有一系列正交的波形、序列或码字来相互分离开。当时间离散时，它们的内积为零，则两个实数值的波形 x 和 y 是正交的，即

$$R_{xy}(0) = x^{\mathrm{T}}y = \sum_{i=1}^{I} x_i y_i \tag{9-8}$$

其中：$y^{\mathrm{T}} = (y_1 \quad y_2 \quad \cdots \quad y_I)$，T 表示向量的转置，它是一个序列数值的另一种表达方式。

为了将正交码用于 CDMA 多址接入方案中，需要 3 个条件：

（1）正交码的每个码元的数值必须为 1 或 –1；

（2）所给出的正交码具有伪随机特性；

（3）每个码自己的内积被码元的数量相除必须为 1。

一套有 7 个码字的三级 PN 码序列能够通过连续的滑动而产生，将每一个 0 都变为 –1 可以得到

$$\begin{cases} p_0(t) = (\ +1 \quad -1 \quad +1 \quad +1 \quad +1 \quad -1 \quad -1) \\ p_1(t) = (\ -1 \quad +1 \quad -1 \quad +1 \quad +1 \quad +1 \quad -1) \\ p_2(t) = (\ -1 \quad -1 \quad +1 \quad -1 \quad +1 \quad +1 \quad +1) \\ p_3(t) = (\ +1 \quad -1 \quad -1 \quad +1 \quad -1 \quad +1 \quad +1) \\ p_4(t) = (\ +1 \quad +1 \quad -1 \quad -1 \quad +1 \quad -1 \quad +1) \\ p_5(t) = (\ +1 \quad +1 \quad +1 \quad -1 \quad -1 \quad +1 \quad -1) \\ p_6(t) = (\ -1 \quad +1 \quad +1 \quad +1 \quad -1 \quad -1 \quad +1) \end{cases} \tag{9-9}$$

可以验证上述这些 PN 码都满足 CDMA 多址接入所要求的条件，即生成多项式系数相同而相位不同的 PN 码是相互正交的。同理四级 m 序列能通过连续的滑动，将每一个 0 都变为 –1 可以得到 15 个正交码序列。

使用 PN 序列进行扩展：用以下实例来说明 PN 码序列被用于扩展码的原理，并为后面 CDMA 系统仿真模型的建立提供理论基础。

假设有相同的 3 个用户希望发送 3 条单独的信息。这些信息是：

$$\begin{cases} m_1 = (\ +1 \quad -1 \quad +1) \\ m_2 = (\ +1 \quad +1 \quad -1) \\ m_3 = (\ -1 \quad +1 \quad +1) \end{cases} \tag{9-10}$$

这 3 个用户被分别配制了一个 PN 码：

$$\begin{cases} p_0 = (\ +1 \quad -1 \quad +1 \quad +1 \quad +1 \quad -1 \quad -1) \\ p_3 = (\ +1 \quad -1 \quad -1 \quad +1 \quad -1 \quad +1 \quad +1) \\ p_6 = (\ -1 \quad +1 \quad +1 \quad +1 \quad -1 \quad -1 \quad +1) \end{cases} \tag{9-11}$$

将第 0 号 PN 码配置给了第 1 条信息，将第 3 号 PN 码配置给了第 2 条信息，将第 6 号

PN 码配置给了第 3 条信息。每 1 条信息由配置的 PN 码序列扩频。且 PN 码序列的码片速率是信息比特速率的 7 倍，即它对处理增益的贡献为 7。对于第一条信息：

```
m₁(t)       +1                           -1                           +1
m₁(t)       +1 +1 +1 +1 +1 +1 +1   -1 -1 -1 -1 -1 -1 -1   +1 +1 +1 +1 +1 +1 +1
p₀(t)       +1 -1 +1 +1 +1 -1 -1   +1 -1 +1 +1 +1 -1 -1   +1 -1 +1 +1 +1 -1 -1
m₁(t)p₀(t)  +1 -1 +1 +1 +1 -1 -1   -1 +1 -1 -1 -1 +1 +1   +1 -1 +1 +1 +1 -1 -1
```

其中，$m_1(t)p_0(t)$ 是第 1 条信息的扩展信号。类似地，对于第 2 条信息为

```
m₂(t)       +1                           +1                           -1
m₂(t)       +1 +1 +1 +1 +1 +1 +1   +1 +1 +1 +1 +1 +1 +1   -1 -1 -1 -1 -1 -1 -1
p₃(t)       +1 -1 -1 +1 -1 +1 +1   +1 -1 -1 +1 -1 +1 +1   +1 -1 -1 +1 -1 +1 +1
m₂(t)p₃(t)  +1 -1 -1 +1 -1 +1 +1   +1 -1 -1 +1 -1 +1 +1   -1 +1 +1 -1 +1 -1 -1
```

对于第 3 条信息为

```
m₃(t)       -1                           +1                           +1
m₃(t)       -1 -1 -1 -1 -1 -1 -1   +1 +1 +1 +1 +1 +1 +1   +1 +1 +1 +1 +1 +1 +1
p₆(t)       -1 +1 +1 +1 -1 -1 +1   -1 +1 +1 +1 -1 -1 +1   -1 +1 +1 +1 -1 -1 +1
m₃(t)p₆(t)  +1 -1 -1 -1 +1 +1 -1   -1 +1 +1 +1 -1 -1 +1   -1 +1 +1 +1 -1 -1 +1
```

将所有的这 3 个扩频信号 $m_1(t)p_0(t)$、$m_2(t)p_3(t)$、$m_3(t)p_6(t)$ 进行叠加得到合成信号 $C(t)$，即

$$C(t) = m_1(t)p_0(t) + m_2(t)p_3(t) + m_3(t)p_6(t) \tag{9-12}$$

结果 $C(t)$ 为

```
C(t)        +3 -3 -1 +1 +1 +1 -1   -1 +1 -1 +1 -3 +1 +3   -1 +1 +3 +1 +1 -3 -1
```

$C(t)$ 是在 RF 频带内传输的合成信号。假如在传输过程中只出现了可以忽略的错误，接收机就会截获 $C(t)$。为了将原来的信息 $m_1(t)$、$m_2(t)$ 和 $m_3(t)$ 从合成信号 $C(t)$ 中分离出来，接收机用原来配置给每一条信息的 PN 码与 $C(t)$ 相乘，得

```
C(t)p₀(t)   +3 -3 -1 +1 +1 -1 +1   -1 -1 -1 +1 -3 -1 -3   -1 -1 +3 +1 +1 +3 +1
C(t)p₃(t)   +3 +3 +1 +1 -1 +1 -1   -1 -1 +1 +1 +3 +1 +3   -1 -1 -3 +1 -1 -3 -1
C(t)p₆(t)   -3 -3 -1 +1 -1 -1 -1   +1 +1 -1 +1 +3 +1 +3   +1 +1 -3 +1 -1 +3 -1
```

然后接收机在每一个比特周期内将所有的值进行积分或叠加。结果推导出函数 $M_1(t)$、$M_2(t)$ 和 $M_3(t)$

```
C(t)p₀(t)   +3 -3 -1 +1 +1 -1 +1   -1 -1 -1 +1 -3 -1 -3   -1 -1 +3 +1 +1 +3 +1
M₁(t)              +7                           -9                           +7
C(t)p₃(t)   +3 +3 +1 +1 -1 +1 -1   -1 -1 +1 +1 +3 +1 +3   -1 -1 -3 +1 -1 -3 -1
M₂(t)              +7                           +7                           -9
C(t)p₆(t)   -3 -3 -1 +1 -1 -1 -1   +1 +1 -1 +1 +3 +1 +3   +1 +1 -3 +1 -1 +3 -1
M₃(t)              -9                           +7                           +7
```

根据积分函数 $M_1(t)$、$M_2(t)$ 和 $M_3(t)$，有一个"判决门限"。所使用的判决规则为

$$\tilde{m}(t) = 1 \qquad 假如 M(t) > 0$$
$$\tilde{m}(t) = -1 \qquad 假如 M(t) < 0$$

在应用了上述判决之后，可得：

$\tilde{m}_1(t)$	+1	-1	+1
$\tilde{m}_2(t)$	+1	+1	-1
$\tilde{m}_3(t)$	-1	+1	+1

上述实例说明：多址用户发送单独的信息分别经相互正交的 PN 序列扩频后相加得到合成信号 $C(t)$，$C(t)$ 经各自的 PN 序列解扩后，接收机在每一个比特周期内将所有的值进行积分或叠加，再通过判决规则，即可恢复各自的源信号，这就是 PN 序列作为扩频码的原理。

9.2　CDMA 系统仿真模型建立

9.2.1　CDMA 仿真原理框图

当扩频通信系统中采用的扩频码具有多址作用时，该系统即构成了一个 CDMA（码分多址）通信系统。通信系统以占用比原始信号带宽宽得多的射频带宽为代价，来获得更强的抗干扰能力和更高的频谱利用率。码分多址通信系统原理框图如图 9-6 所示。

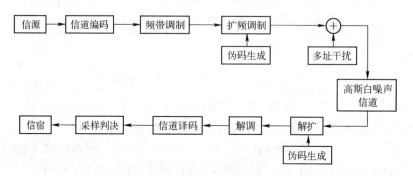

图 9-6　CDMA 通信系统原理框图

下面结合通信系统原理框图来分析信号的处理过程。

1. 发送端

首先由信号源生成将要发送的数据，以比特（bit）为单位，经过差错控制编码处理，增加一定的信息冗余度，便于接收端检测接收信号是否正确。然后用其来调制载波，则信号被搬移到载频上去，就得到调制后信号。再用一条 15 位的 m 序列与每个信息码元进行相关运算，数据单位为切普（chirp），长度缩短为 1 bit 的 1/30，信号频谱大大扩展。

2. 信道

将扩频调制并加入多址干扰的合成信号发送到无线信道中。由于无线通信介质的特性，用户发送的信号在信道传输过程中会受到各种噪声干扰的影响，本 CDMA 仿真系统只考虑多址接入干扰 MAI 和加性高斯白噪声干扰。

3. 接收端

在接收部分，系统通常对信号进行相关接收。当从信道中检测到信号后，接收端首先对接收信号进行解扩处理，通过扩频码的正交性去除多址干扰恢复为扩频前的原始数据。接收端的伪随机序列与发送端的伪随机序列不仅要求码字相同，码字的相位也应相同，才能正确解扩。然后进行解调处理，将其下变频到基带，并恢复出卷积编码信号；将信号送给维特比解编码模块，从中恢复出信息码元。输出的信号经过一个采样判决过程，将接收恢复出的数据比特送至信宿端。

本章将实际应用中的码分多址通信系统的解扩设备进行简化。在实际系统中，由于基站需要接收来自不同用户的数据，它必须知道该小区内每个用户使用的扩频伪码，并且为每条码字建立一套单独的解扩设备。基站从天线上接收到的数据同时送入每一条码字对应的解扩设备进行处理，再利用某种判决准则选择其中的一路作为有效信号输出，其余信号或者丢弃不要，或者反馈回去抵消接收信号中的干扰成分。这样可以实现对不同用户用不同码字解扩，其余用户发送的数据经过非相关处理后以噪声的形式存在，为多址接入干扰。不同用户间扩频码字的正交性越好，MAI 就越小。本文假设基站已知用户使用的扩频伪码，因此只有一套解扩设备，省略了不同码字的比较判决过程。

9.2.2　基于 Simulink 的 CDMA 通信系统仿真模型

码分多址的数学基础是信号的正交分割原理，在发射端多个信号复合，经过无线信道传输后，在接收端进行信号的分离。由于码字的不相关特性，多个用户可以采用相同的载波同时向信道发送数据包。在接收端，目的接收机接收到混合了多址用户信息与噪声的源信号。使用与发射端相同的码组来进行解扩就可以将源信号解调出来。

利用 Simulink 软件建立的 CDMA 通信系统的仿真模型如图 9-7 所示，主要包括源信号的生成、卷积编码、信道调制、扩频调制、多址干扰、加性高斯白噪声信道、解扩、解调、译码、错误率统计等模块。其中，PN Sequence Generator 产生的四级 m 序列作为扩频码，周期是 15，码元宽度为（0.01/30 s）；源信号和多址信号由伯努利二进制随机信号发生器生成，表示 3 个不同的通信用户发射各自的通信信息，其中两个通信用户信息相对源信号用户是多址干扰信号，码元宽度都为 0.01 s，是 m 序列码元宽度的 30 倍，正好是 2 个 m 序列周期；仿真时间设为 10 s。分别延迟 4 个、7 个 m 序列码元的两个码组与源信号的原始码组构成 3 个正交码组，它们分别对单个用户的信号进行直接扩频。

CDMA 仿真模型在信道信噪比 SNR = − 10 dB 的传输条件下，采用先调制后扩频的方法，具体仿真过程为：将源信号直接进行卷积编码，经过卷积编码的双列信号经过缓存器后变为一列，以适应 M – DPSK 调制器的要求，经调制后的信号与 m 序列相乘进行扩频，扩频后序列加入多址干扰信号得到合成信号，随后进入 AWGN 信噪比为 –10 dB 的传输环境；之后进入接收部分，信号与源信号 m 序列扩频码相乘进行解扩经过 M – DPSK 解调后信号进入缓存器 1，信号又恢复为维特比卷积译码器要求的双列信号。源信号经历了卷积、缓存、调制、扩频、解扩、解调、缓存、解卷积等运算，时间上带来了延迟，最后错误率统计模块将发送端的信息码元经过延迟后与接收端恢复出的码元进行比较，输出误码率，并将误码率存入工作空间变量中。对信道信噪比进行不同设置，分别分析信道信噪比、m 序列采样时间、多址干扰对系统误码率的影响。

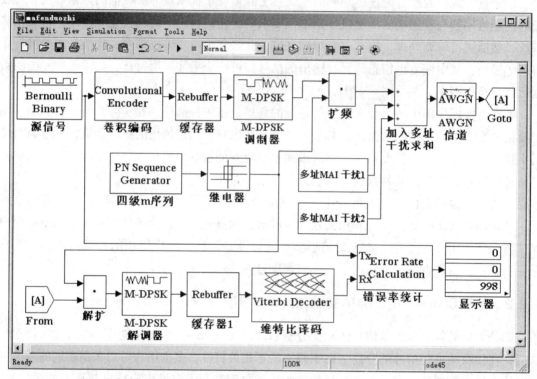

图 9-7 CDMA 通信系统仿真模型

9.3 CDMA 仿真模型的子模块

9.3.1 源信号生成

数据源为伯努利二进制序列产生器，用于生成随机的二进制序列，其码元宽度为 0.01 s，从其输出数据线上引出的输出端口用于对译码后的序列进行对比。

伯努利序列产生器的参数设置如下：

Probability of a zero：模块产生的二进制序列中出现 0 的概率，设为 0.5。

Initial seed：随机数种子，不同的随机数种子通常产生不同的序列，设为 12345。

Sample time：采样时间，表示输出序列中每个二进制符号的持续时间，设为 0.01。

通过示波器，可得信源伯努利序列如图 9-8 所示。

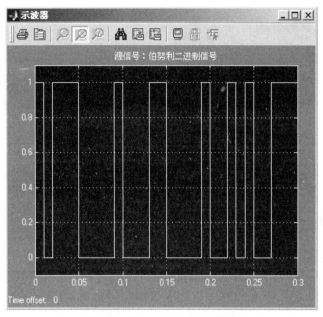

图 9-8　信源：伯努利信号波形

9.3.2　差错控制编码——卷积编码

源信号比特流送入差错控制编码模块进行纠错编码，由卷积编码模块 Convolutional Encoder 完成。编码原理是其码字与现在之前的信息比特都有关系，纠错能力与约束长度有关，纠错性能与译码算法有关。输入、输出均是二进制形式。

参数设置为：Trellis structure：格型结构，则该参数为 poly2trellis（9，[753 561]），是 IS-95CDMA 正向信道卷积编码的生成多项式；Reset：设置编码器在何种情况下复位，选择 None 表示在任何情况下都不复位。源信号数据流进行卷积编码，由一列信号变成两列信号，可得波形如图 9-9 所示。

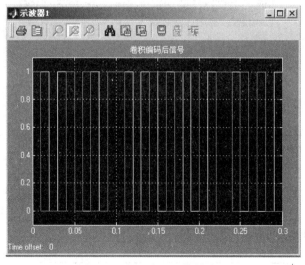

图 9-9　卷积编码后信号波形

9.3.3   M – DPSK 调制模块

本模型采用频带差分相移键控 M – DPSK 调制器对经过卷积编码后的信号进行调制。仿真中用到缓存器，其作用是：经过卷积编码的双列信号经过缓存器变为一列，以便对信号进行 M – DPSK 调制。缓存器和缓存器 1 的主要参数设置如表 9–1 所示。

表 9–1   缓存器和缓存器 1 参数设置

参 数 名 称	缓 存 器	缓 存 器 1
Specify output buffer size（指定输出缓存大小）	使能（选中）	
Output buffer size（channel）（每信道输出缓存大小）	1	2
Buffer overlap（缓存交叠）	0	
Initial conditions（初始条件）	0	
Number of channels（信道数）	1	

根据表 9–1 设置，得 CDMA 仿真系统中卷积编码后的双列信号经缓存器后变为适应 M – DPSK调制的一列信号，码元周期为 0.005 s，波形如图 9–10 所示。

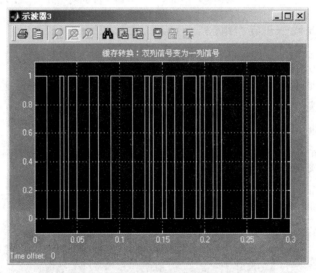

图 9–10   经缓存器 Rebuff 后信号波形

M – DPSK 调制器和解调器参数设置如表 9–2 所示。

表 9–2   M – DPSK 参数设置

M – ray number（元数）	2
Symbol period（s）（符号周期）	1/200
Baseband samples per symbol（每符号基带采样）	2
Carrier frequency（载频）	600
Carrier initial phase（rad）（载频初始相位）	0
Output sample time（s）（输出采样时间）	0.01/300

根据表 9-2 设置，得 CDMA 仿真系统中缓存器转换的一列信号经 M - DPSK 调制后波形如图 9-11 所示，信号波形加载到高频 30 kHz 余弦波上，便于在信道上直接传输。

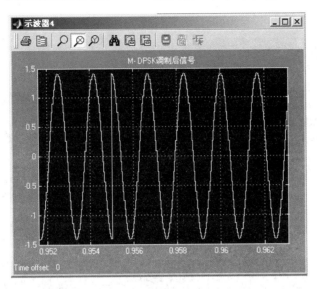

图 9-11　经 M - DPSK 调制后信号波形

9.3.4　扩频模块

扩频模块包括伪随机码生成（由 PN 产生器模块完成）、极性转换和相关运算 3 部分。扩频、解扩的方式可以使用单极性二进制码元用异或的方式，但是 0 的结果有时处理起来有一定的困难；当信号叠加了噪声信号后已经不是二进制码时，就不能用异或方式处理。使用双极性二进制码元用相乘的方式同样可以完成扩频与解扩的运算，还可以克服上述方法的不足。源信号经卷积编码、M - DPSK 调制后是单列双极性的实信号，被周期为 15 的四级 m 序列直接相乘进行扩频。扩频后的信号在 Sum 中与多址干扰信号相加，进入 AWGN 信道，到达接收端。扩频模块如图 9-12 所示。

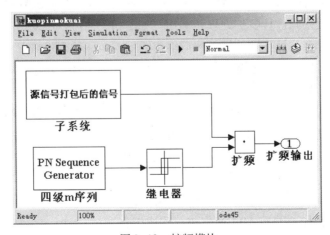

图 9-12　扩频模块

CDMA 仿真模型采用的扩频伪码为 m 序列，码长为 15，码元宽度为（0.01/30 s），由 PN Sequence Generator 模块产生。可得源信号经卷积编码、M - DPSK 调制后的信号、m 序列、扩频后信号如图 9-13 所示。

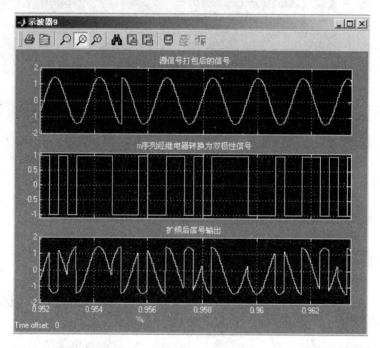

图 9-13　扩频模块中源信号打包后信号、m 序列（双极性）、扩频后信号波形

9.3.5　多址干扰模块

在 CDMA 通信系统中，同时占用时间 - 频率平面同信道的其他用户相对其中一个用户而言就是干扰，周期为 2^r-1 的 m 序列可以提供 2^r-1 个扩频地址码，则该系统可容纳 2^r-1 个多址用户。多址（MAI）干扰产生的原因是由于多个用户的随机接入，不同用户扩频伪码之间不能保证完全正交。若有多个用户同时向信道中发送数据包，在接收端用预接收的数据包的扩频伪码进行解扩处理，利用码字的相关性可以恢复出有用信号。如果码字之间完全正交，则其余信号经过解扩模块后输出为零，是一种理想情况。实际应用中，其他用户数据包经过解扩处理后，还有一部分干扰信号同有用信号一起进入错误率统计模块，对系统性能造成一定影响。

MAI 干扰模块仿真了一个三发射条件下，另两个用户数据包对源信号的干扰情况。m 序列扩频码的码元宽度为（0.01/30）s。另两个用户数据包由伯努利二进制序列产生器产生随机的二进制序列，码元宽度为 0.01 s。不同的随机数种子通常产生不同的序列，其随机数种子分别设为 54 321 和 13 245，与信源（设为 12 345）不同。延迟 4 个码元及延迟 7 个码元的两个码组与源信号原始码组构成 3 个正交码组，分别对单个用户信号进行直接扩频。扩频后的信号在 Sum 中相加，进入 AWGN 信道，到达接收端。

MAI 干扰生成模块如图 9-14 所示，它描述了多址干扰用户 1 发送数据包的过程。

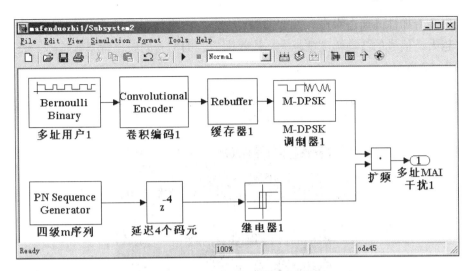

图 9-14　MAI 干扰生成模块框图

通过示波器，可得多址用户 1 信号经卷积编码、缓存转换、M - DPSK 调制、扩频等打包后的多址干扰信号 1 波形如图 9-15 所示。

源信号与多址用户信号分别进行数据打包后求和得到合成信号，波形如图 9-16 所示。

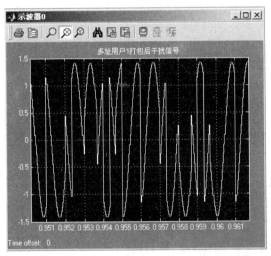

图 9-15　多址干扰信号 1 打包后波形

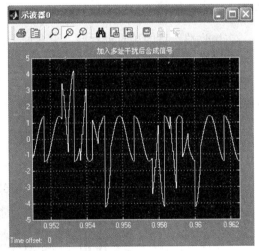

图 9-16　与多址干扰信号求和后的合成信号

9.3.6　AWGN 信道

本码分多址仿真模型中，采用 AWGN 信道，AWGN Channel 模块用于对输入信号添加加性高斯白噪声。模块的采样时间继承自输入信号的采样时间。模块参数设置如下：

Initial seed：初始化种子，设为 18 233。

Mode：指定生成噪声方差的方式，选择参数 Signal to noise ratio（SNR）。

SNR（dB）：指定信号的信噪比，设为 - 10 dB。

Input signal power（watts）：输入信号功率，设为 1。

信号夹杂着加性高斯白噪声，其均值为0，方差表现为噪声功率的大小。一般情况下，噪声功率越大，信号的波动幅度就越大，接收端接收的信号的误比特率就越高。经过信道后波形如图9-17所示。

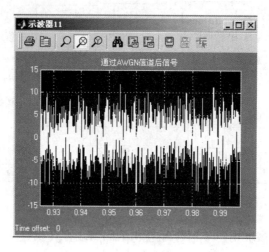

图9-17 加入加性高斯白噪声后信号的波形

9.3.7 解扩模块

在接收端，目的接收机对混合了多址干扰与噪声的信号与源信号扩频码相乘进行解扩。要求使用的伪随机码与发送端扩频用的伪随机码不仅码字相同，而且相位相同。解扩处理将信号压缩到信息频带内，由宽带信号恢复为窄带信号。同时将干扰信号扩展，降低干扰信号的谱密度，提高系统的抗干扰能力。解扩后信号波形如图9-18所示。

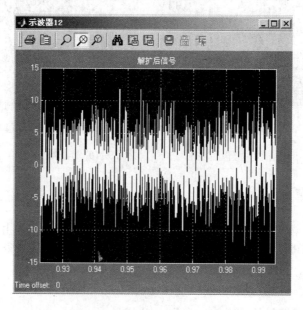

图9-18 接收端解扩后信号波形

9.3.8　M－DPSK 解调模块

在接收端对信号进行解调，以恢复原来的频谱。M－DPSK 解调器对合成数据包经过解扩后提取出的源信号数据包进行解调。经过解调后信号进入缓存器 1，一列信号恢复为维特比译码要求的双列信号。根据表 9-2 中 M－DPSK 解调器的设置，可得经 M－DPSK 解调后波形如图 9-19 所示。

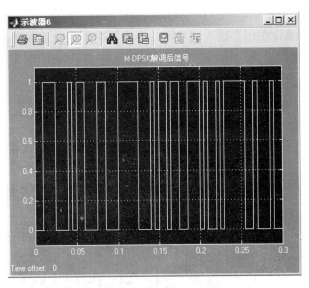

图 9-19　经 M－DPSK 解调后信号波形

根据表 9-1 中缓存器 1 的设置，通过示波器，可得 CDMA 仿真系统中 M－DPSK 解调后的信号经过缓存器 1 转换后波形如图 9-20 所示。

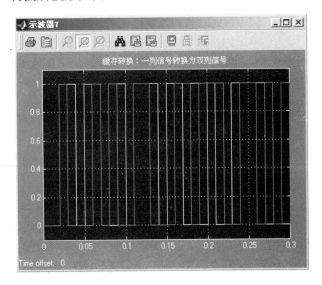

图 9-20　经缓存器 Rebuff1 后信号波形

9.3.9　差错控制译码——维特比译码模块

纠错译码的功能有差错控制译码器——维特比译码（Viterbi Decoder）模块来完成，用于对输入信息进行维特比译码。Viterbi Decoder 模块参数设置如下：

Trellis structure：格型结构，该参数设为 poly2trellis（9，[753 561]）。

Decision type：指定判决类型。设置为 Hard Decision，对应输入信号为二进制数据。

Traceback depth：反馈深度，用于构造反馈路径时的网格图分支数，该参数设为 1。

Operation mode：模块在相邻输入向量间的模式转换方式。该参数设为 Continuous。

根据维特比译码器以上参数设置，可得码分多址仿真系统中信号经过卷积译码后波形如图 9-21 所示，其码元周期恢复为 0.01 s。

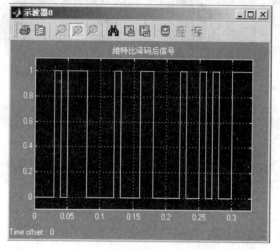

图 9-21　维特比译码后信号波形

9.3.10　信宿模块

信宿模块包括错误率统计模块、显示器、选择器。MATLAB 通信工具箱的错误率统计模块对输入的两个信号进行对比，输入为二进制序列，输出误比特率。模块只比较两个输入信号的正负关系，而不具体比较它们的大小。

错误率统计模块的参数设置如表 9-3 所示。

表 9-3　错误率统计模块的参数设置

参 数 名 称	参 数 值
Receive delay（接收延迟）	3
Computation delay（计算延迟）	0
Computation mode（计算模式）	Entire frame
Output data（输出数据）	Port

错误率统计模块的 Tx 输入端口接收发送方的输入信号，Rx 输入端口接收信宿端恢复的输入信号，模块的输出数据是长度为 3 的向量，分别是：误码率、总的错误个数、总的参加

比较的码元数。接收端恢复出的比特，由于经过各种处理，存在一个不可避免的延迟，参数delay，专门用来定义输入信号与输出信号之间的延迟。

错误率统计模块将发送端的信息码元经过延迟后与接收端恢复出的码元进行比较，输出误码率。信宿端接收信号与源信号波形如图 9-22 所示，可以得到接收端接收信号可以很好地恢复发送端发送的源信号，只是存在不可避免的延迟。

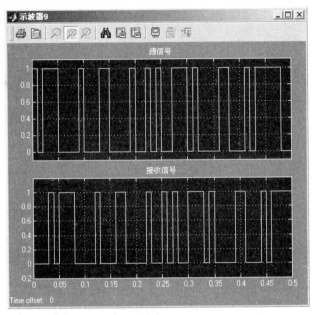

图 9-22　源信号和信宿端接收信号波形

9.4　CDMA 通信系统仿真误码性能分析

对信道信噪比进行不同设置，得到 CDMA 仿真系统中误码率与信道信噪比之间的关系图，如图 9-23 所示。

由图 9-23 可知，CDMA 系统误码率随着信噪比的增大而呈下降趋势，即信号功率越强，噪声功率越弱，信噪比越大，误码率越低，当信噪比达到一定比值（SNR = − 13 dB）时，误码率降为 0 即无误码，信宿端可以很好地恢复源信号。CDMA 仿真系统通过扩频和解扩使源信号频谱展宽和还原，将信道带宽扩展许多倍以换取信噪比上的好处，大大提高了系统的抗干扰和抗噪声能力。

固定信道信噪比 SNR = − 15 dB 的传输环境，对相同的源信号，来分析 m 序列采样时间即频谱的倒数与误码率的关系，如图 9-24 所示。

从图 9-24 中可看出，CDMA 通信仿真系统中误码率随着 m 序列的采样时间的减小即频率的增大而大致呈下降趋势，即 m 序列的采样时间越小，频率越宽，扩频性能越好，可以换取信噪比上越大的好处，误码率越低。通信系统以占用比原始信号带宽宽得多的射频带宽为代价，来获得更强的抗干扰能力和更高的频谱利用率。可通过调整 m 序列采样时间的设置，减小采样时间，增大频率，来降低误码率，提高扩频性能。

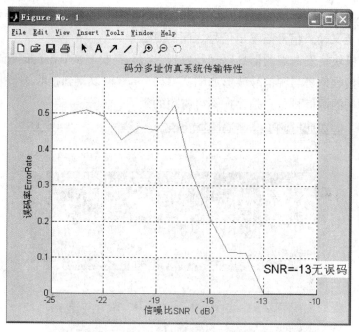

图 9-23　CDMA 仿真系统误码率和信道信噪比关系图

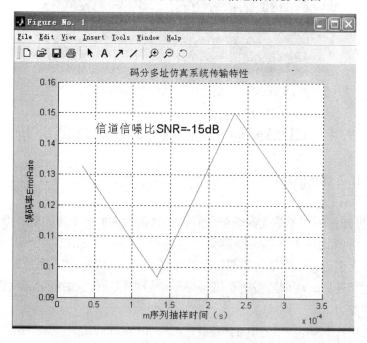

图 9-24　CDMA 仿真系统误码率和 m 序列采样时间关系图

参 考 文 献

［1］张会生. 现代通信系统原理［M］. 北京：高等教育出版社，2004.

［2］罗卫兵. SystemView 动态系统分析及通信系统仿真设计［M］. 西安：西安电子科技大学出版社，2001.

［3］邵玉斌. MATLAB/Simulink 通信系统建模与仿真实例分析［M］. 北京：清华大学出版社，2008.

［4］邵佳，董辰辉. MATLAB/Simulink 通信系统建模与仿真实例精讲［M］. 北京：电子工业出版社，2009.

［5］青松. 数字通信系统的 SystemView 仿真与分析［M］. 北京：北京航空航天大学出版社，2001.

［6］李贺冰. Simulink 通信仿真教程［M］. 北京：国防工业出版社，2006.

［7］吕跃广. 通信系统仿真［M］. 北京：电子工业出版社，2010.

［8］韦岗. 通信系统建模与仿真［M］. 北京：电子工业出版社，2007.

［9］徐明远. MATLAB 仿真在通信与电子工程中的应用［M］. 西安：西安电子科技大学出版社，2005.

［10］刘学勇. MATLAB/Simulink 通信系统建模与仿真［M］. 北京：电子工业出版社，2011.

［11］许宏敏，李青. TD - SCDMA 无线网络优化原理与方法［M］. 北京：人民邮电出版社，2009.